建筑工人岗位培训教材

# 管 道 工

本书编审委员会 编写
王文琪 宋喜玲 主编

中国建筑工业出版社

**图书在版编目（CIP）数据**

管道工/《管道工》编审委员会编写. —北京：中国建筑工业出版社，2018.7（2025.9 重印）
建筑工人岗位培训教材
ISBN 978-7-112-22369-5

Ⅰ.①管… Ⅱ.①管… Ⅲ.①管道工程-技术培训-教材 Ⅳ.①TU81

中国版本图书馆 CIP 数据核字（2018）第 135378 号

本书是根据《建筑工程安装职业技能标准》JGJ/T 306—2016 对工人的等级要求结合现行行业标准、规范、“四新技术”等内容，重点以中级工（四级）为主要培训对象，同时兼顾初级工（五级）、高级工（三级）的培训要求编写的管道工培训教材。书中重点突出管道工操作技能的训练要求，辅以适当的理论知识。文字通俗易懂、逻辑清晰、表述规范，图文并茂，适合现代工人培训及学习使用。

责任编辑：高延伟　李　明　李　慧
责任校对：刘梦然

建筑工人岗位培训教材
**管　道　工**
本书编审委员会　编写
王文琪　宋喜玲　主编
*
中国建筑工业出版社出版、发行（北京海淀三里河路 9 号）
各地新华书店、建筑书店经销
北京红光制版公司制版
建工社（河北）印刷有限公司印刷
*
开本：850×1168 毫米　1/32　印张：7　字数：187 千字
2018 年 8 月第一版　2025 年 9 月第九次印刷
定价：**22.00** 元
ISBN 978-7-112-22369-5
（32249）

# 建筑工人岗位培训教材
# 编审委员会

# 出版说明

国家历来高度重视产业工人队伍建设，特别是党的十八大以来，为了适应产业结构转型升级，大力弘扬劳模精神和工匠精神，根据劳动者不同就业阶段特点，不断加强职业素质培养工作。为贯彻落实国务院印发的《关于推行终身职业技能培训制度的意见》（国发〔2018〕11号），住房和城乡建设部《关于加强建筑工人职业培训工作的指导意见》（建人〔2015〕43号），住房和城乡建设部颁发的《建筑工程施工职业技能标准》、《建筑工程安装职业技能标准》、《建筑装饰装修职业技能标准》等一系列职业技能标准，以规范、促进工人职业技能培训工作。本书编审委员会以《职业技能标准》为依据，组织全国相关专家编写了《建筑工人岗位培训教材》系列教材。

依据《职业技能标准》要求，职业技能等级由高到低分为：五级、四级、三级、二级、一级，分别对应初级工、中级工、高级工、技师、高级技师。本套教材内容覆盖了五级、四级、三级（初级、中级、高级）工人应掌握的知识和技能。二级、一级（技师、高级技师）工人培训可参考使用。

本系列教材内容以够用为度，贴近工程实践，重点突出了对操作技能的训练，力求做到文字通俗易懂、图文并茂。本套教材可供建筑工人开展职业技能培训使用，也可供相关职业院校实践教学使用。

为不断提高本套教材的编写质量，我们期待广大读者在使用后提出宝贵意见和建议，以便我们不断改进。

本书编审委员会

2018 年 6 月

# 前　言

本书是根据住房和城乡建设部分布的行业标准《建筑工程安装职业技能标准》JGJ/T 306—2016 及最新行业标准规范来编制的。

本书是管道工职业资格培训用书，注重突出职业技能教材的实用性及管道工种的技术指导性，本着“实用为主、够用为度”的原则，以技能操作为中心，理论为技能服务，将理论知识和操作技能有机结合，以适应国家职业标准和职业技能培训的要求。本书在编写过程中有很多新技术、新工艺、新材料等新的理念。力求做到图文结合，简明扼要、通俗易懂、通用性强。既是管道工培训考试的必备教材，也适合建筑工人自学以及相关专业的高职、中职学生参考用书。

本书共包括四章内容：管道工程基础知识、室内管道工程安装、热力管网的安装、空调水系统安装。介绍了管道工必须掌握的基础知识、专业知识和相关技能知识，旨在帮助其全面提高知识水平和实际操作能力。

本书在编写过程中得到了内蒙古建筑职业技术学院的大力支持。

本书由内蒙古建筑职业技术学院王文琪、宋喜玲主编，参加各章编写的人员有王文琪、宋喜玲、王海鹰、岳建军、王睿怀、穆小丽。由于本书所涉及的知识面较广，编写时间有限，篇幅有限，不足之处在所难免，欢迎读者提出宝贵意见和建议。在编写过程中参考了大量相关教材，对这些资料的编作者，一并感谢！

# 目　　录

# 一、管道工程基础知识

## （一）力 学 基 础

**1. 流体的主要物理性质**

流体力学是研究流体平衡和运动规律及其在工程技术中应用的一门科学，它的研究对象是流体（即液体和气体），其中水和空气是最典型并广泛存在的流体。流体的主要物理性质如下：

（1）流动性

流动性是流体最基本的特性，这是它便于用管道进行输送，适宜作供热、供冷等工作介质的主要原因；是流体区别于固体的基本力学特征；流体与固体相比，分子间距较大，引力较小，没有固定形状，几乎不能承受拉力和切力。

（2）惯性和重力特性

1）惯性是指物体维持原有静止或运动状态的能力。物体质量越大，惯性越大。重力特性是指流体受地球引力作用的特性。质量和重力的关系为：

$$G = mg \tag{1-1}$$

式中 $G$——流体的重力，N；

$m$——流体的质量，kg；

$g$——重力加速度，一般取 9.81m/s²。

2）密度

对于均质流体，单位体积所具有的质量称为密度。常用 $\rho$ 表示，其计算式为：

$$\rho = \frac{m}{V} \tag{1-2}$$

式中　$\rho$——流体的密度，$kg/m^3$；

$m$——流体的质量，kg；

$V$——流体的体积，$m^3$。

3）重力密度

对于均质流体，单位体积所具有的重力称为重力密度，简称重度，用符号 $\gamma$ 表示，其计算式为：

$$\gamma = \frac{G}{V} \tag{1-3}$$

式中　$\gamma$——流体的重度，$N/m^3$；

$G$——流体的重力，N；

$V$——流体的体积，$m^3$。

密度是相对于质量而言的，而重度是相对于重力而言的，二者的关系是：均质流体的重度等于其密度与重力加速度的乘积，即：

$$\gamma = \rho g \tag{1-4}$$

（3）黏滞性

黏滞性是流体固有的，有别于固体的主要物理性质。当流体相对于物体运动时，流体内部质点间或流层间因相对运动会产生内摩擦力以抵抗相对运动的性质，称为黏滞性，简称黏性。不同种类流体的黏性不同，如水和油的黏性不同。流体的黏性受压力影响很小，受温度影响较大，如液体的黏性随温度升高而减小，气体的黏性则随温度的升高而增大。

（4）压缩性和热胀性

在温度不变的情况下，流体受压、体积减小、密度增大的性质，称为流体的压缩性；在压力不变的情况下，流体受热、体积增大、密度减小的性质，称为流体的热胀性。

液体的压缩性很小，除水击等特殊情况外，工程上一般可将液体视为不可压缩流体；液体的膨胀性也很小，除热水采暖工程等特殊情况外，一般工程中也不考虑液体的热胀性。相对于液体而言，气体的压缩性和热胀性都比较显著，温度和压强的变化对气体体积的影响都很大。

(5) 压力、压强和应力

压力、压强和应力的单位是帕斯卡，符号为Pa，1Pa是1$m^2$面积上均匀的垂直作用1N的力所产生的压力，即1Pa=1N/$m^2$。除此之外，工程中常用的压强的度量单位还有以下几种形式：

1) 米水柱的符号是$mH_2O$，是指1m高水柱所产生的压力；

2) 毫米汞柱的符号是mmHg，是指1mm高的汞（水银）柱所产生的压力；

3) 标准大气压的符号是atm，是指空气温度为0℃时，北纬45°海平面上的平均压力为760mmHg。

各种度量单位间的换算关系为：

1atm =101325Pa=10.33$mH_2O$=760mmHg

各种管道或容器上的压力表指示的压力是相对压力，也称为表压力。相对压力加上外部的大气压力（一般取标准大气压，大体相当于0.1MPa），即绝对压力。当管道或容器内的绝对压力小于周围环境的大气压力时，称为真空状态。

(6) 温度和热量

1) 温度最常用的是摄氏温标和热力学温度。摄氏度用符号℃表示。热力学温度用K表示，其分度值与摄氏度是一样的，即0℃相当于273K，100℃相当于373K，也就是说：热力学温度（K）=摄氏度数值+273。

2) 热量计量单位为焦耳，符号用J表示，1kg水温度升高或降低1K时，吸收或放出的热量是$4.18\times10^3$J。

**2. 构件基本类型和杆件变形形式**

建筑构件是指构成建筑物各个要素。建筑物当中的构件主要有：楼（屋）面、墙体、柱子、基础等。

根据材料力学的内容，长度远大于截面尺寸的构件称为杆件，杆件的受力有各种情况，相应的变形就有各种形式。杆件变形的基本形式有四种：

如图1-1所示：

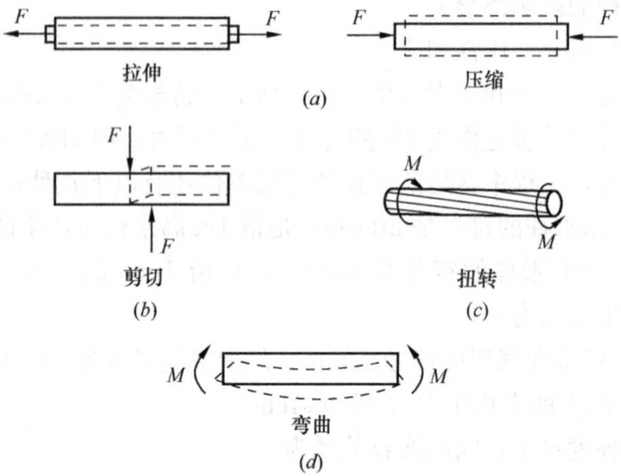


图 1-1　杆件基本变形形式

（1）拉伸或压缩：这类变形是由大小相等方向相反，力的作用线与杆件轴线重合的一对力引起的。

（2）剪切：这类变形是由大小相等、方向相反、力的作用线相互平行的力引起的。在变形上表现为受剪杆件的两部分沿外力作用方向发生相对错动。

（3）扭转：这类变形是由大小相等、方向相反、作用面都垂直于杆轴的两个力偶引起的。表现为杆件上的任意两个截面发生绕轴线的相对转动。截面上的内力称为扭矩。

（4）弯曲：这类变形由垂直于杆件轴线的横向力，或由包含杆件轴线在内的纵向平面内的一对大小相等、方向相反的力偶引起，表现为杆件轴线由直线变成曲线。

## （二）管道施工图识读

**1. 施工图的基本知识**

（1）管道施工图的分类

1）按管道类别分类

管道图按其类别可分为化工工艺管道施工图、动力管道施工图、采暖空调管道施工图、给水排水管道施工图和自控仪表管道施工图等。每一个专业里又可分为许多具体的工程施工图或具体的专业施工图。如给水排水管道施工图可分为给水管道施工图、排水管道施工图和卫生工程施工图；采暖空调施工图可分为采暖、空调和制冷管道施工图；动力管道施工图可分为氧气管道、煤气管道、空压管道、乙炔管道和热力管道等具体的专业管道施工图。

2）按图形和作用分类

按施工图图形及其作用，管道施工图可分为基本图和详图。

基本图包括图纸目录、设计施工说明、设备材料表、流程图、平面图、轴测图和立（剖）面图；详图包括节点图、大样图和标准图。

（2）管道施工图常用图例及代号

按照设计说明确定的图例及代号进行识图，管道类别常以汉语拼音字母表示。

（3）施工图表示方法

1）标题栏

用以确定图样名称、图号、张次、更改及有关人员签署等内容的栏目，常见格式见表1-1。

**标题栏** **表1-1**

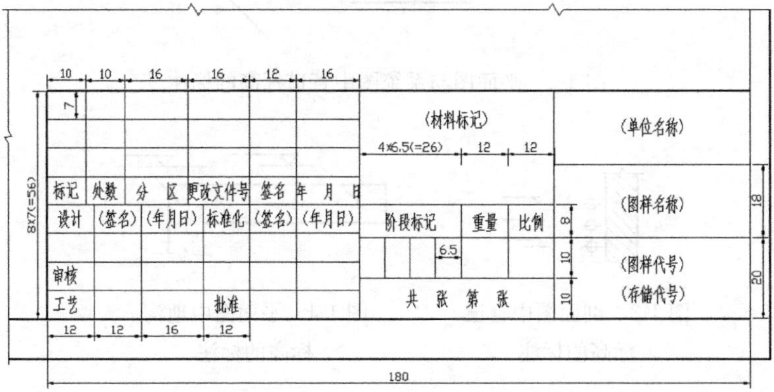

2）比例

绘图时图样上所画的尺寸与实物尺寸之比称为图样的比例，管道施工图常用的比例有 1∶50、1∶100、1∶200、1∶500、1∶1000 等。各类管道施工图常用的比例见表 1-2。

**管道施工图常用比例　　表 1-2**

| 名　称 | 比　例 |
|---|---|
| 厂区（小区）总平面图 | 1∶2000、1∶1000、1∶500、1∶200 |
| 室内管道平、剖面图 | 1∶200、1∶100、1∶50、1∶20 |
| 管道系统轴测图 | 1∶200、1∶100、1∶50 或不按比例 |
| 流程图或原理图 | 无比例 |
| 设备加工图 | 1∶100、1∶50、1∶40、1∶20 |
| 部件、零件详图 | 1∶50、1∶40、1∶20、1∶10、1∶5、1∶2、1∶1、2∶1 |

3）标高

标高是在符号上分别注出几条管线的标高值，如图 1-2 所示。剖面图中的管道标高应如图 1-3 所示进行标注。管沟地坪标高如图 1-4 所示。

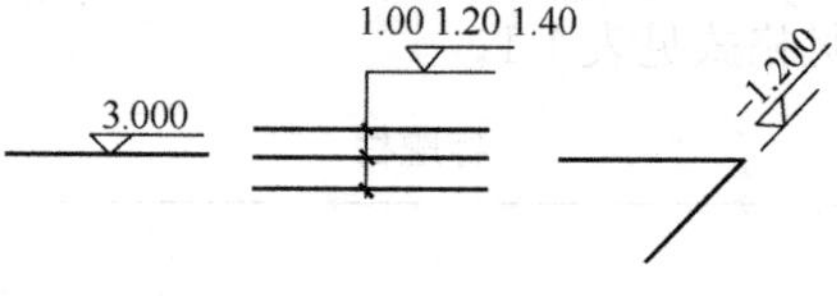


图 1-2　平面图与系统图中管道标高的标注

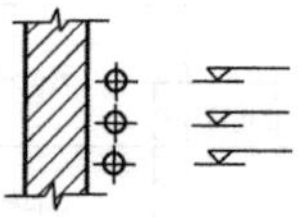

图 1-3　剖面图中管道标高的标注

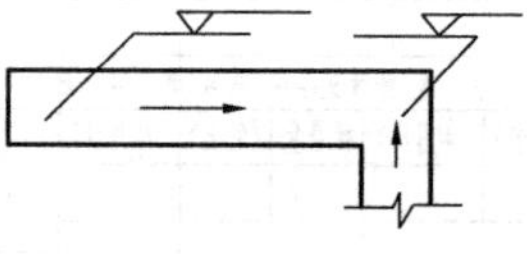

图 1-4　平面图中地沟标高的标注

各种管道的起止点、转角点、连接点、变坡点及交叉点等处视需要标注管道标高；地沟宜标注沟底标高；压力管道宜标注管中心标高；室内外重力流排水管道宜标注管内底标高；室内架空重力流排水管道可标注管中心标高，但图中应加以说明。管道的相对标高一般将建筑物底层室内地面定为相对标高的零点(±0.000)，比地面高的为正数，但一般不注“+”号，而比地面低的则为负数，用“－”号表示，例如5.000、－3.000。

4）坡度

坡度用符号“$i$”表示，在其后加上等号并注写坡度值；坡向符号用箭头表示，宜用单面箭头，坡向箭头指的方向为由高向低的方向，常用的表示方法如图1-5所示。

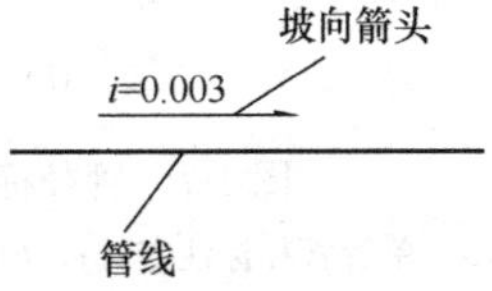


图1-5　坡度及坡向表示方法

5）方位标

确定管道安装方位基准的图标，称为方位标，方位标如图1-6所示。

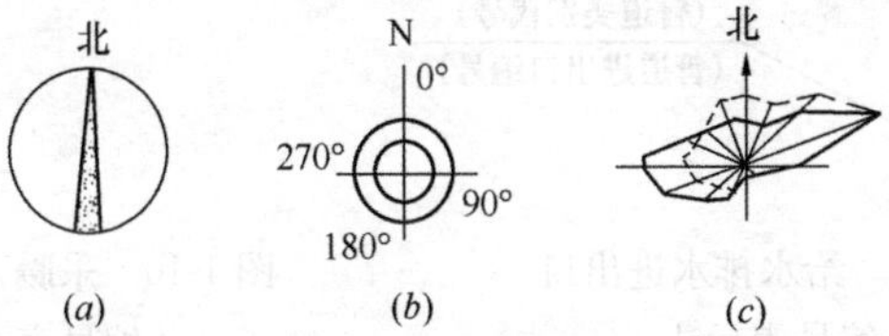


图1-6　方位标

(*a*) 指北图；(*b*) 坐标方位图；(*c*) 风玫瑰图

6）管径标注

标注方式与标注位置如图1-7、图1-8所示。

7）管线的表示方法

如图1-9所示为给水排水进出口编号表示法；如图1-10所示为采暖立管编号表示法，$L$—采暖立管代号，$R$—采暖入口代号，$n$—编号，以阿拉伯数字表示；如图1-11所示为给水排水立管编号表示法；如图1-12所示为管线编号标注表示法。

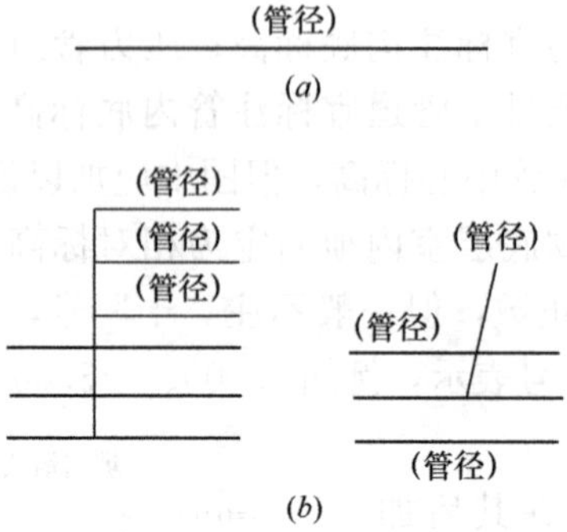


图 1-7　管径标注方式

(*a*) 单管管径标注方式；(*b*) 多管管径标注方式

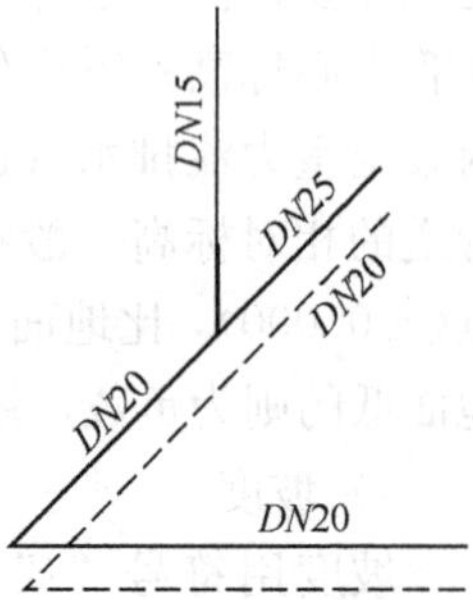


图 1-8　管径尺寸标注位置

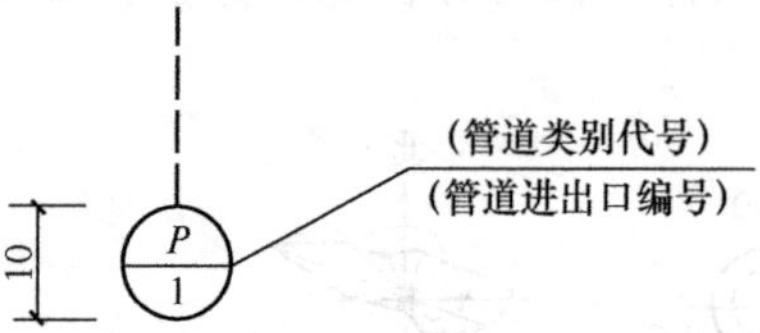


图 1-9　给水排水进出口编号表示法

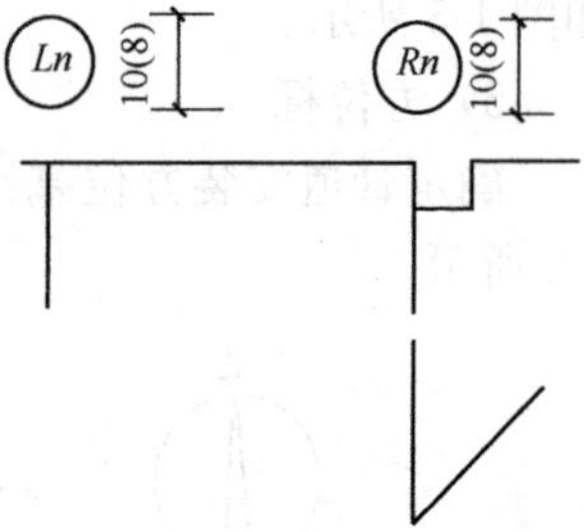


图 1-10　采暖入口与立管编号表示法

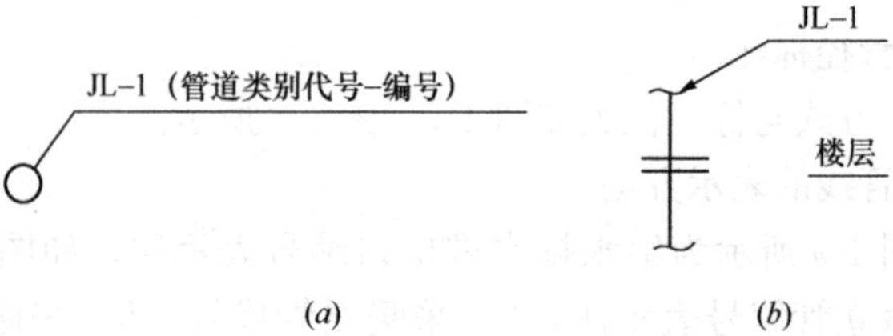


图 1-11　给水排水立管编号表示法

(*a*) 平面图；(*b*) 系统图

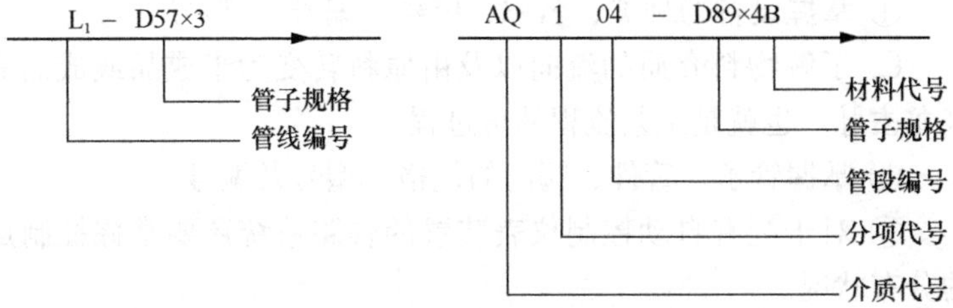


图 1-12　管线编号标注表示法

**2. 管道工程施工图识读**

(1) 管道施工图的特点

管道施工图属于建筑图和化工图的范畴，它的显著特点是示意性和附属性。管道作为建筑物或化工设备的一部分，在图纸上是示意性画出来的，图纸中以不同的线型来表示不同介质或不同材质的管道，图纸上管路、附件、器具及设备等都用图例符号表示，这些图线和图例只能表示管线及其附件等安装位置，而不能反映安装的具体尺寸和要求，因此在学习看图之前，必须初步具备管道安装的工艺知识，了解管道安装操作的基本方法及各种管路的特点与安装要求，熟悉各类管道施工规范和质量标准，只有这样才算具备了看图的基础。

属于建筑范畴的管道，如给水排水管道、采暖与空调管道、动力站管道等，大多数都布置在建筑物上。管道对建筑物的依附性很强，看这类管道施工图，必须对建筑物的构造及建筑施工图的表示方法有所了解，才能看懂图纸，搞清管道与建筑物之间的关系。

化工管路是化工设备的一部分，它将各个化工设备连接起来，形成了化工装置，化工管路既有独立性的一面，又有与化工设备相关的一面，看懂这类施工图，必须对化工生产工艺流程和化工设备的构造、作用以及在图纸上的表示方法有所了解。

(2) 管道施工图识读内容

1) 流程图

① 掌握设备的种类、名称、位号（编号）、型号。

② 了解物料介质的流向以及由原料转变为半成品或成品的来龙去脉，也就是工艺流程的全过程。

③ 掌握管子、管件、阀门的规格、型号及编号。

④ 对于配有自动控制仪表装置的管路系统还要掌握控制点的分布状况。

2）平面图

① 了解建筑物的朝向、基本构造、轴线分布及有关尺寸。

② 了解设备的位号（编号）、名称、平面定位尺寸、接管方向及其标高。

③ 掌握各条管线的编号、平面位置、介质名称、管子及管路附件的规格、型号、种类、数量。

④ 管道支架的设置情况，弄清支架的形式作用、数量及其构造。

3）立（剖）面图

① 了解建筑物竖向构造、层次分布、尺寸及标高。

② 了解设备的立面布置情况，查明位号（编号）、型号、接管要求及标高尺寸。

③ 掌握各条管线在立面布置上的状况，特别是坡度坡向与标高尺寸等情况，以及管子与管路附件的各类参数。

4）系统图

① 掌握管路系统的空间立体走向，弄清楚管路标高、坡度坡向及管路出口和入口的组成。

② 了解干管、立管及支管的连接方式，掌握管件、阀门及器具设备的规格、型号及数量。

③ 了解管路与设备的连接方式、连接方向及要求。

（3）管道施工图识读方法

各种管道施工图的识图方法，一般应遵循从整体到局部，从大到小，从粗到细的原则，将图纸与文字、各种图纸进行对照，以便逐步深入和逐步细化。识图过程是一个从平面到空间的过程，必须利用投影还原的方法，再现图纸上各种线条、符号所代表的管路、附件、器具与设备的空间位置及管路的走向。具体的识图顺序如下：

1）首先看图纸目录，了解工程设计的整体情况，其次看施工说明书、材料设备表等文字资料，然后再按照流程图（原理图）、平面图、立（剖）面图、轴测图及详图的顺序仔细阅读。

2）在识图过程中遵循从大直径主干管到小直径立、支管的原则；在识读室内排水系统的施工图时，应当按排出管、立管、排水横管、器具排水管、存水弯的顺序进行，而不应反向进行。

3）识读施工图时应弄清管道系统的立体布置情况，对于生产工艺管道，还应对照流程图，了解生产工艺流程；对局部细节的了解需看大样图、节点图及标准图等。

4）弄清介质、管道材料、连接方式、关键位置标高、坡向及坡度、防腐及绝热要求、阀门型号及规格与系统试验压力等。

5）工艺流程图用于区分管道的立体走向和长短，不表示具体长度尺寸。

（4）管道施工图识读实例

本实例为识读水泵房管道系统布置图。通常用平面图、剖面图及轴测图来表达水泵房水泵与管道的安装，且常用单线图表示轴测图，用双线图来表示平面及剖面图。试识读某给水泵房水泵与管道系统布置图，如图 1-13 所示。

【识读】此水泵房水泵与管道系统布置图样识读方法与步骤为：

（1）从给水泵房的平面图上可以看出，此泵房有三台 8Sh-9A 卧式水泵。

（2）从系统轴测图可以看出三个水泵各有其吸水管，且吸水管上装有闸阀，向上返至水泵进口，再向下返至出水管；沿箭头可清楚地看出水泵房管道的走向。

（3）从系统平面图上可以看出每台出水管上还装有止回阀和闸阀，三根出水管连接在一起，连接管上有两根出水管。

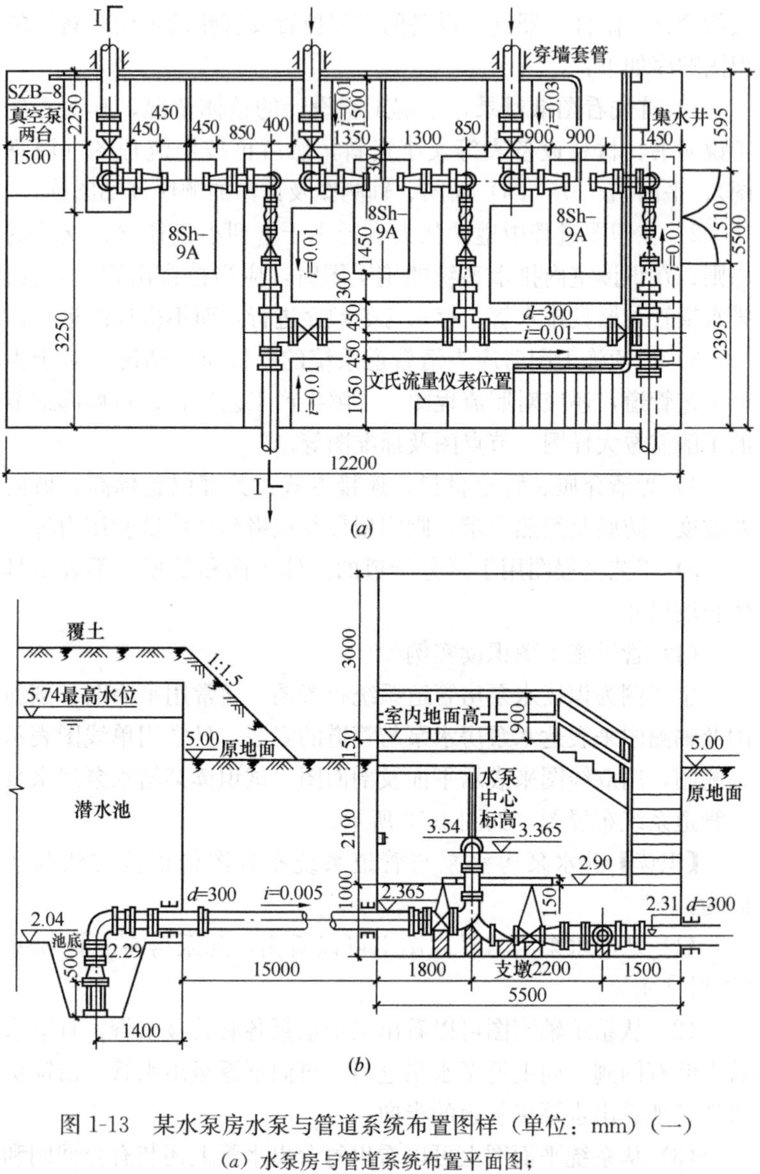


图 1-13　某水泵房水泵与管道系统布置图样（单位：mm）（一）

（*a*）水泵房与管道系统布置平面图；

（*b*）水泵房水泵与管道系统布置Ⅰ-Ⅰ剖面图

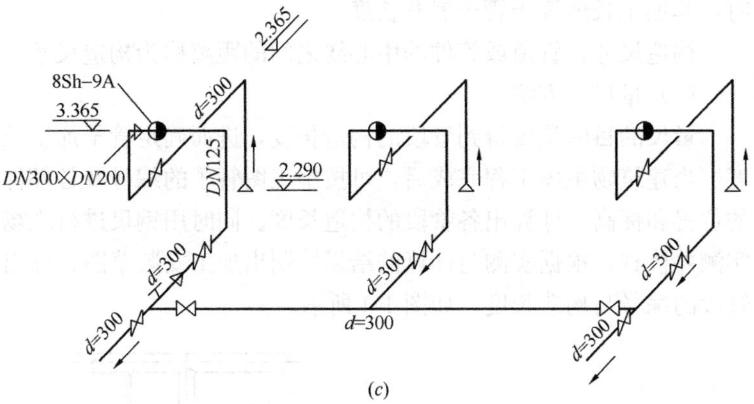


图 1-13　某水泵房水泵与管道系统布置图样（单位：mm）（二）

（c）水泵房水泵与管道系统布置轴测图

（4）从系统Ⅰ-Ⅰ剖面图上可以看出，系统的水泵抽的是清水池内的水，池底有一底阀，连接底阀的管道管径为 300mm，坡度为 0.5%。

（5）从Ⅰ-Ⅰ剖面图上也可以看到，从清水池抽出的水进入水泵前的管道上还有闸阀控制；从水泵出来的水管上有止回阀和闸阀。

（6）从Ⅰ-Ⅰ剖面图上还可以看到水泵中心的标高为 3.54m。

## （三）管 道 下 料

### 1. 管道下料的计算方法

管道系统由不同材质的管子组成不同形状、不同长度的管段。管段长度名称：

安装长度：管段中管子在轴线方向的有效长度称为管段的安装长度。

下料长度：管段安装长度的展开长度称为管段的加工长度，或称下料长度。

当管段为直管时，加工长度等于安装长度；如管段中有弯时，其加工长度等于管子展开长度。

构造尺寸：管道或管件的中心线之间的距离称为构造尺寸。

(1) 量尺的方法

量尺的目的是要得到管段的构造长度，进而确定管子加工长度。当建筑物主体工程完成后，可按施工图管子的编号及各部件的位置和标高，计算出各管段的构造长度。同时用钢尺进行现场实测并核查。根据实测与计算的结果绘制出加工安装草图，标出管段的编号与构造长度。如图 1-4 所示。

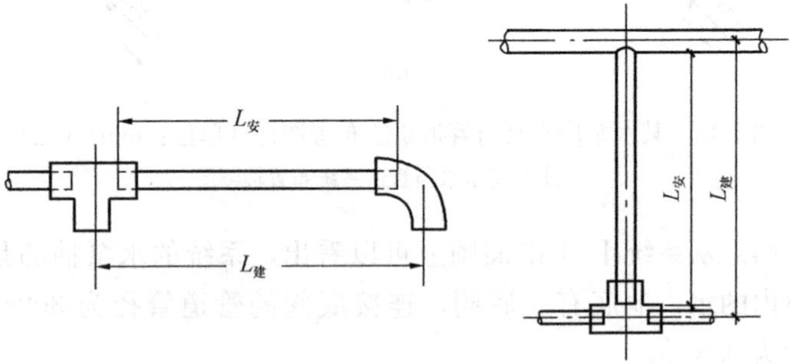


图 1-14 管道下料

(2) 管段的下料

管段的量尺主要是确定两管件的中心距离。然而管道的安装加工对象是管子的下料长度，使管子与管件连接后符合管段长度的要求。由于管件本身占有长度，且管子螺纹连接时又要深入管件内一段长度，要使管子的下料长度准确，必须掌握下料方法。

1) 计算下料方法

① 螺纹连接下料长度的计算。

管子的下料加工长度应符合安装长度的要求，当管段为直管时，加工长度等于构造长度减去两端管件长的一半再加上内螺纹的长度，如图 1-15 所示。

② 铸铁管下料长度的计算。铸铁管多为承插式连接，计算时同样量出管段的构造长度，并且查出各种管件的有关尺寸，如图 1-16 所示。

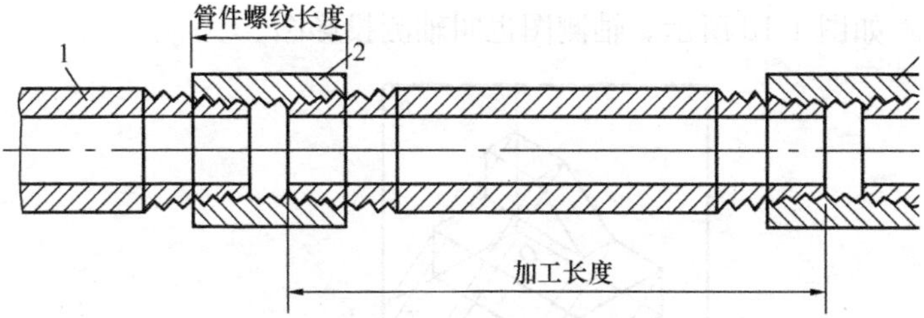


图 1-15　螺纹连接下料长度

1—管子；2—管箍

2）比量法下料。螺纹连接的比量法下料。如图 1-17 所示，先在管子一端拧紧安装前方的管件，用连接后方的管件比量，使其与前方管件的中心距离等于构造长度，从设备的管件边缘按拧入深度在直管（或弯管）上划出切割线，再经切断、套丝后即可安装。

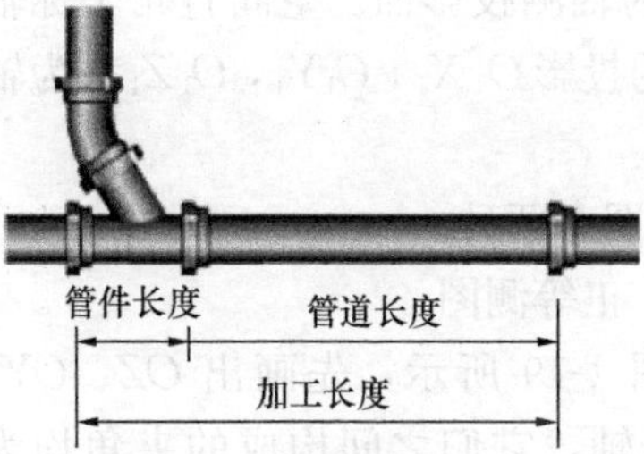


图 1-16　铸铁管下料长度

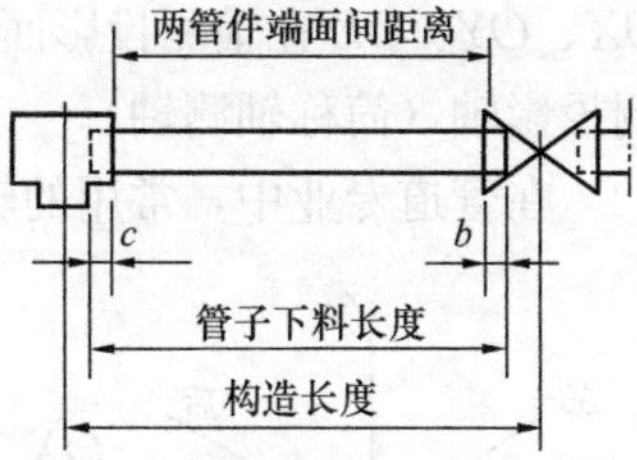


图 1-17　螺纹连接的比量法下料

**2. 管道安装轴测图的绘制方法**

（1）轴测图基本概念

用多面正投影图能够完全、准确地表达物体的形状和尺寸，但缺乏立体感。而轴测图能用一个图面同时表达出物体的长、宽、高三个方向的尺度和形状，富有立体感，是生产中常用的辅助图示方法。

轴测图是采用平行投影的方法，沿不平行于任一坐标面的方向，将物体连同三个坐标轴一起投射到单一投影面上所得的图形，如图 1-18 所示。轴测图也叫轴测投影图。

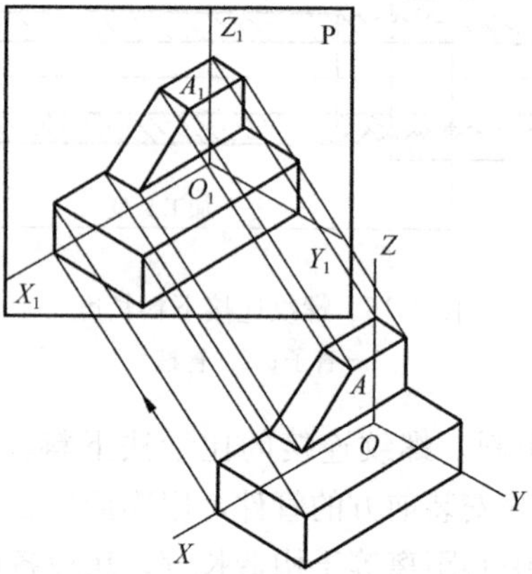


图 1-18　轴测图

在图 1-18 中，投影面 $P$ 称为轴测投影面。空间直角坐标轴 $OX$、$OY$、$OZ$ 在轴测投影面上的投影 $O_1X_1$，$O_1Y_1$，$O_1Z_1$ 称为轴测投影轴（简称轴测轴）。

在管道专业中，常用的轴测图有两种。

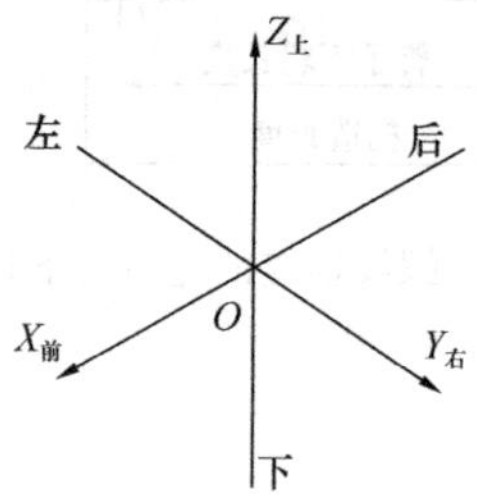


图 1-19　正等测的轴线

（2）正等测图

如图 1-19 所示，先画出 $OZ$、$OY$、$OX$ 三个轴，它们之间构成的夹角均为 120°，且 $OZ$ 轴必须是垂直的，这样 $OY$、$OX$ 轴与水平面的夹角也是固定的，并且相等。

绘制正等测图时，垂直走向的立管与 $OZ$ 轴方向一致，也就是平行关系；前后走向的管道可以取 $OX$ 方向，此时左右走向的管道要取 $OY$ 方向，由于 $OX$ 方向和 $OY$ 方向可以换位，所以前后走向的管道如果取 $OY$ 方向，则左右走向的管道要取 $OX$ 方向，但 $OZ$ 表示垂直方向是固定不变的。

为了画图方便起见，$OZ$、$OY$、$OX$ 三个轴的缩短率均采用

1：1：1，也就是说，管道各个方向的长度是多少，在相应测轴上的长度都应当按同样的比例画出。画轴测图时，可以根据需要在图 1-19 所示的三个轴箭头的相反方向延长。

1）作管道正等测图的基本原则

① 物体上的直线在正等测图中仍为直线。

② 平行线的轴测投影仍然平行。因此，空间直线平行于某一坐标轴时，其轴测投影与相应的轴测轴平行。

③ $O_1Z_1$ 轴一般画成垂直位置，$O_1X_1$ 轴、$O_1Y_1$ 轴可以互换，坐标轴可以反向延长，如图 1-19 所示。

④ 画管线轴测图时，只能在与轴平行的方向上截量长度。

⑤ 管线一般用单根粗实线表示。

⑥ 被挡住的管线要断开。

⑦ 轴测图中的设备，一律用细实线或双点画线表示。

⑧ 应在轴测图中注明管路内的介质性质、流动方向、管线标高、坡度等。

⑨ 平行于坐标面的圆的正等测图是椭圆。

2）作管道正等测图的方法、步骤

① 图形分析

对管道平、立面图进行图形分析，弄清各段管线在空间的走向和具体位置及转弯点、分支点、阀门、设备等的位置，建立立体形象，并对管段编号。

② 根据管路走向建立坐标系

坐标原点宜选在分支点或转弯点上，定 $X_1$ 轴为左右走向，定 $Y_1$ 轴为前后走向，而 $Z_1$ 轴一定为上下走向。

③ 逐段画图

从坐标原点开始向外逐分支、逐段沿轴向画出每一管段。

④ 整理

擦去不必要线条、描痕，即得管道轴测图。

3）管道正等测图画法举例

例如在图 1-20 中，立面图中立管 1、4 在正等测轴中与 $OZ$

方向一致，平面图中前后走向的管段 2、5 与 $OX$ 方向一致，左右走向的管段 3、6 与 $OY$ 方向一致。

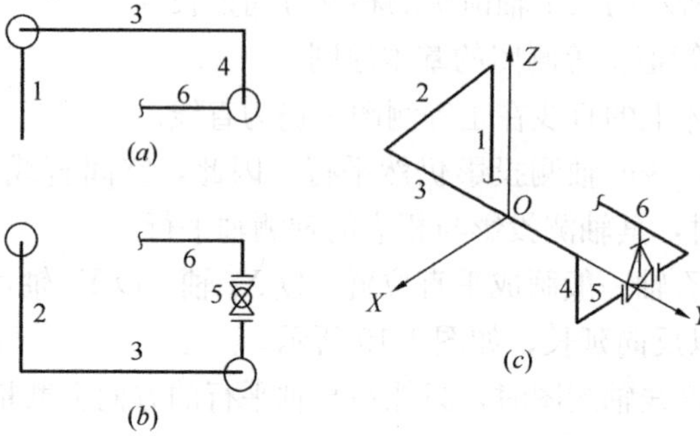


图 1-20　某管段正等测图

（$a$）立面图；（$b$）平面图；（$c$）正等测图

（3）斜等测图

管道的斜等测图，一般把 $OZ$、$OX$、$OY$ 轴布置成图 1-21 所示形式。

画斜等测图时，凡是垂直走的立管均与 $OZ$ 轴平行，左右走向的水平管均与 $OX$ 轴平行，而前后走向的水平管则与 $OY$ 轴平行，如图 1-22 所示。与正等测图一样，$OZ$、$OX$、$OY$ 三个轴的缩短率均为 1∶1∶1。

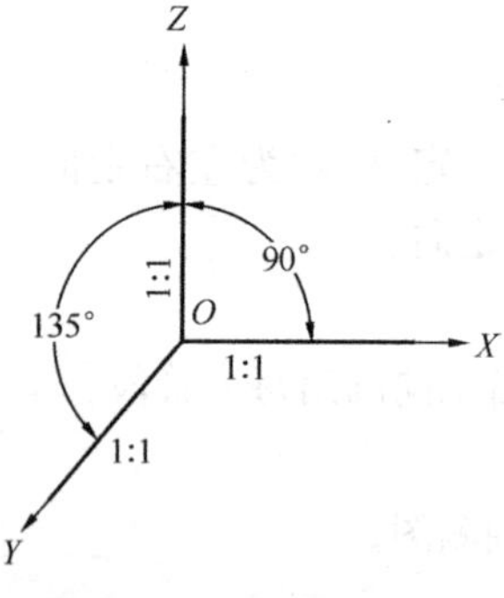


图 1-21　斜等测图轴线

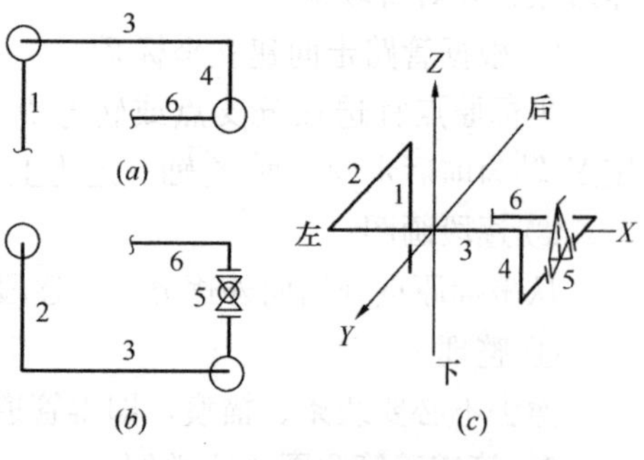


图 1-22　某管段斜等测图

（$a$）立面图；（$b$）平面图；（$c$）斜等测图

## （四）管道连接

### 1. 沟槽连接

沟槽连接件是一种新型的钢管连接方式，也叫卡箍连接，如图1-23所示。具有操作简单、管道原有的特性不受影响、有利于施工安全、系统稳定性好、维修方便很多优点。国家现行《自动喷水灭火系统设计规范》GB 50084、《消防给水及消火栓系统技术规范》GB 50974提出，系统管道的连接应采用沟槽式连接件或丝扣、法兰连接；其中自动喷淋系统中直径等于或大于100mm的管道、消防给水系统中直径大于50mm的管道，均应分段采用法兰或沟槽式连接件连接。

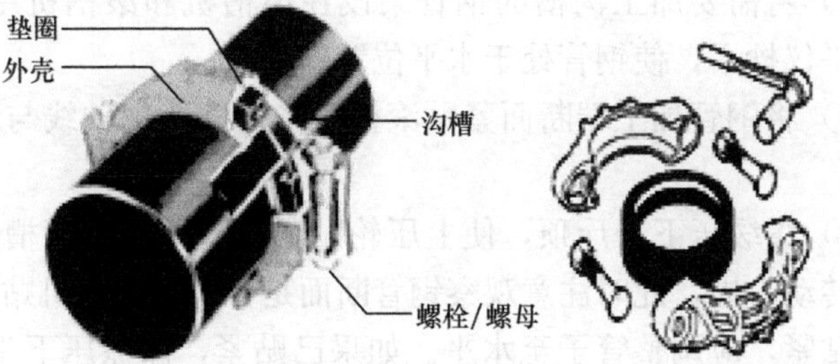


图1-23　沟槽连接

工艺流程

(1) 工艺流程：安装准备→滚槽→开孔→安装机械三通、四通→管道安装→系统试压。

(2) 安装准备

1）检查开孔机、滚槽机（如图1-24）、切管机，确保安全使用。

2）材料、工具的准备，包括管材、钢卷尺、扳手、游标卡尺、水平仪、润滑剂、木榔头、脚手架等。

3）按设计要求装好待装管子的支吊架。

（3）滚槽（如图 1-25）

图 1-24　滚槽机

图 1-25　滚槽

1）用切管机将钢管按需要的长度切割，用水平仪检查切口断面，确保切口断面与钢管中轴线垂直。切口如果有毛刺，应用砂轮机打磨光滑。

2）将需要加工沟槽的钢管架设在滚槽机和滚槽机尾架上，用水平仪抄平，使钢管处于水平位置。

3）将钢管加工端断面紧贴滚槽机，使钢管中轴线与滚轮面垂直。

4）缓缓压下千斤顶，使上压轮贴紧钢管，开动滚槽机，使滚轮转动一周，此时注意观察钢管断面是否仍与滚槽机贴紧，如果未贴紧，应调整管子至水平。如果已贴紧，徐徐压下千斤顶，使上压轮均匀滚压钢管至预定沟槽深度为止。

5）停机，用游标卡尺检查沟槽深度和宽度，确认符合标准要求后，将千斤顶卸荷，取出钢管。

（4）连接管道：按照先装大口径、总管、立管，后装小口径、分管的原则，在管道连接过程中，必须按顺序连续安装，不可跳装、分段装，以免出现段与段之间连接困难和影响管路整体性能。

沟槽连接步骤：（如图 1-26）

1）将钢管固定在支吊架上，并将无损伤橡胶密封圈套在一根钢管端部。

2）将另一根端部周边已涂抹润滑剂的钢管插入橡胶密封圈，

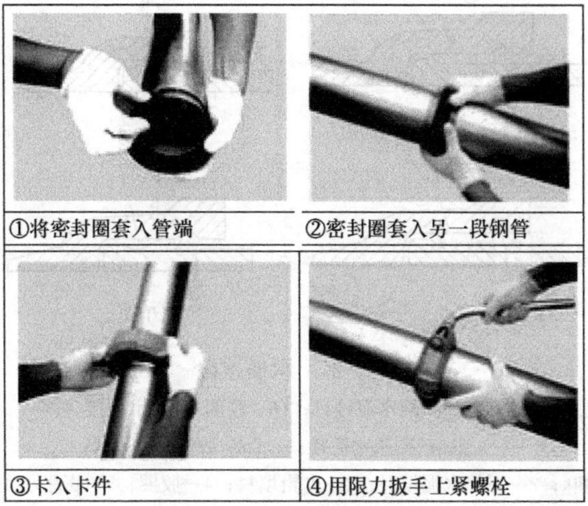
①将密封圈套入管端
②密封圈套入另一段钢管
③卡入卡件
④用限力扳手上紧螺栓

图 1-26　沟槽连接步骤

转动橡胶密封圈，使其位于接口中间部位。

3）在橡胶密封圈外侧安装上下卡箍，并将卡箍凸边送进沟槽内，用力压紧上下卡箍耳部，在卡箍螺孔位置，上螺栓并均匀轮换拧紧螺母，在拧螺母过程中用木榔头锤打卡箍，确保橡胶密封圈不会起皱，卡箍凸边需全圆周卡进沟槽内。

4）在刚性卡箍接头 500mm 内管道上补加支吊架。

**2. 承插连接**

承插连接主要用于带承插接头的铸铁管、混凝土管、陶瓷管、塑料管等。

承插连接接口主要有：青铅接口、石棉水泥接口、膨胀性填料接口、胶圈接口等。

承插管分为刚性承插连接和柔性承插连接两种。刚性承插连接是用管道的插口插入管道的承口内，对位后先用嵌缝材料嵌缝，然后用密封材料密封，使之成为一个牢固的封闭圈，如图 1-27 所示。

柔性承插连接接头在管道承插口的止封口上放入富有弹性的

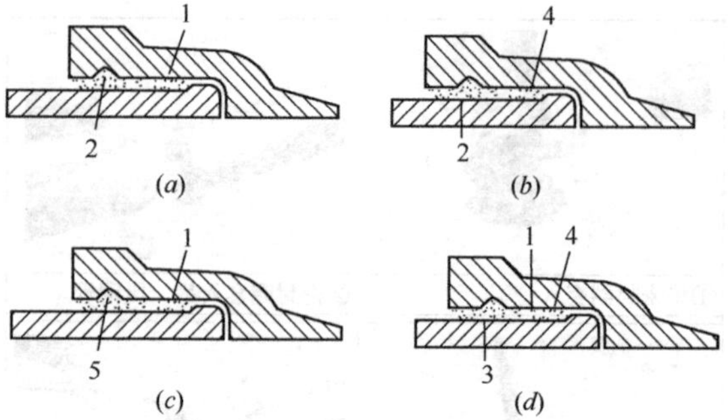


图 1-27　承插连接

（*a*）油麻-石棉水泥接口；（*b*）胶圈-石棉水泥接口；

（*c*）油麻-膨胀水泥接口；（*d*）胶圈-青铅接口

1—油麻；2—石棉水泥填料；3—青铅填料；4—胶圈；5—膨胀水泥填料

橡胶圈，然后施力将管子插端插入，形成一个能适应一定范围内的位移和振动的封闭管，如图 1-28 所示。

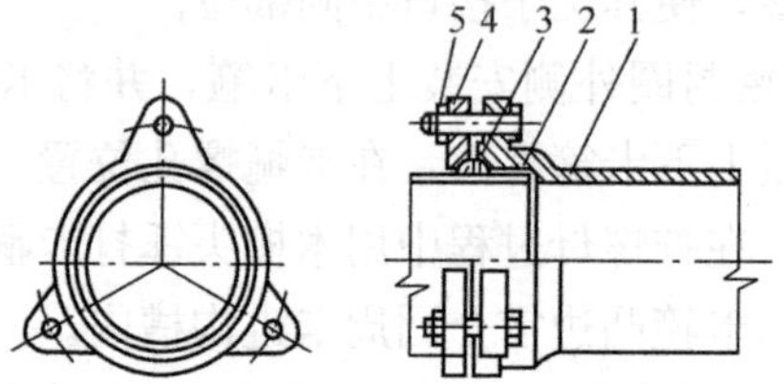


图 1-28　柔性承插接

1—承口端；2—插口端；3—橡胶密封圈；

4—法兰压盖；5—螺栓

### 3. 法兰连接

法兰连接就是把两个管道、管件或器材，先各自固定在一个法兰盘上，然后在两个法兰盘之间加上法兰垫，最后用螺栓将两个法兰盘拉紧使其紧密结合起来的一种可拆卸的接头，如图 1-29 所示。

图 1-29　法兰连接接口

法兰连接方式一般可以分为五种：平焊、对焊、承插焊、松套、螺纹。下面对前四种连接方法进行详细的阐述：

（1）平焊：只用焊接外层，不需焊接内层，一般常用于中、低压管道中，管道的公称压力要低于2.5MPa。平焊法兰的密封面有三种，分别是光滑式、凹凸式以及榫槽式，其中以光滑式应用最为广泛，并且价格实惠，性价比高。

（2）对焊：法兰的内外层都要焊接，一般多用于中、高压管道中，管道的公称压力在0.25～2.5MPa之间。对焊法兰连接方式的密封面是凹凸式的，安装比较复杂，所以人工费、安装法以及辅材费都比较高。

（3）承插焊：一般多用于公称压力小于等于10.0MPa，公称直径小于等于40mm的管道中。

（4）松套：一般多用于压力不高但其中介质比较有腐蚀性的管道中，所以这类法兰耐腐蚀性强，材质多以不锈钢为主。这种连接主要用于铸铁管、衬胶管、非铁金属管和法兰阀门等的连接，工艺设备与法兰的连接也都采用法兰连接。

法兰连接工艺流程如下：

（1）法兰与管道的连接要符合以下要求：

1）管道与法兰的中心要在同一水平线上。

2）管道中心与法兰的密封面成90°垂直形状。

3）管道上法兰盘螺栓的位置应该对应一致。

（2）垫法兰垫片，要求如下：

1）在同一根管道内，压力相同的法兰选择的垫片应该要一样，这样才便于以后互相交换。

2）对于采用橡胶板的管道，垫片最好也选择橡胶的，例如水管线。

3）垫片的选择原则是：尽量靠近小宽度选择，这是在确定垫片不会被压坏的前提应该遵循的原则。

（3）连接法兰

1）检查法兰、螺栓和垫片的规格是否符合要求。

2）密封面要保持光滑整洁，不能有毛刺。

3）螺栓的螺纹要完整，不能有缺损，嵌合要自然。

4）垫片质地要柔韧，不易老化，表面没有破损，褶皱、划痕等缺陷。

5）装配法兰前，要把法兰清洗干净，去除油污、灰尘、锈迹等杂物，密封线剔除干净。

图 1-30　法兰连接工艺

（4）装配法兰（如图 1-30）

1）法兰密封面与管道中心垂直。

2）相同规格的螺栓，安装方向也相同。

3）安装在支管上的法兰安装位置应该距离立管的外壁面在 100mm 以上，距离建筑物的墙面距离应该在 200mm 及以上。

4）不要把法兰直接埋在地下，易被腐蚀，如必须埋在地下，做好防腐处理。

**4. 管道开孔**

管道开孔是一种安全、环保、经济、高效的在役管线维修抢修技术，适用于原油、成品油、天然气等多种介质管线的正常维修改造和突发事故的抢修（如带压抢修、更换腐蚀管段、分输改造等作业）。并且此操作是在管道和容器上制造接口的一种方法，开孔时管道和容器处于承压或使用状态下。增加分支管道，用于输入或输出物料设置温度探头监测点为设备提供连接点，开孔时无需停产不影响产量和物料供给。

开孔方法：

（1）在钢管上弹墨线，确定接头支管开孔位置。

（2）将链条开孔机（如图 1-31）固定于钢管预定开孔位置处。

（3）启动电动机，转动手轮，使钻头缓慢靠近钢管，同时在开孔钻头处添

图 1-31　开孔机

加润滑剂，以保护钻头，完成在钢管上开孔。

（4）停机，摇动手轮，打开链条，取下开孔机，清理钻落金属块和开孔部位残渣，并用砂轮机将孔洞打磨光滑。

（5）将卡箍套在钢管上，注意机械三通应与孔洞同心，橡胶密封圈与孔洞间隙均匀，紧固螺栓到位，如图 1-32。

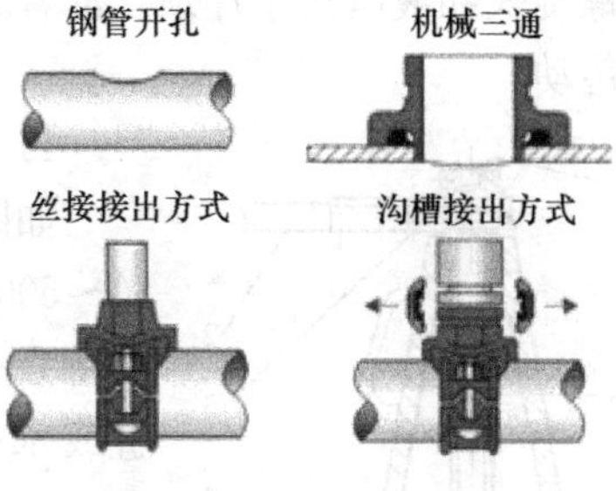

图 1-32　开孔连接

（6）如为机械四通，开孔时一定要注意保证钢管两侧的孔同心，否则当安装完毕，可能导致橡胶圈破裂，且影响过水面积。

管道开孔施工工艺先进，可带压不停车、不停输、不停产的情况下进行作业，采用无火密闭机械进行操作保证了作业的安全，整个施工过程不会造成任何污染。

管道开孔技术为现代化的管道运输企业提供了对管道不停产下带压接线、改线、更换管段、加装和更换阀门的可能。因为某些特殊行业的性质要求，工程要求进行支管接线、改线、换管或阀门更换等，但是却不能停产，一旦管线停输势必给企业和用户造成较大的损失。管道开孔和封堵的施工过程是在完全密闭，与外界空气和易燃易爆品隔绝的状态下进行机械切削开孔、筒式或塞式封堵的情况下进行的，因此安全性较高。

## （五）起重工具、索具

**1. 常用的起重工具、索具的种类、规格、使用方法；**

（1）千斤顶

千斤顶又称顶重器，是一种简单的起重设备，用来顶升或位移较重的设备的主要工具。其具有结构简单、质量轻、便于搬运、操作方便、安全可靠等优点，因此在管道施工中经常使用。

千斤顶有齿条式、螺旋式和液压式3种，管道施工中常用的是螺旋式和液压式千斤顶。前者利用螺纹传动，后者利用活塞移动传动。

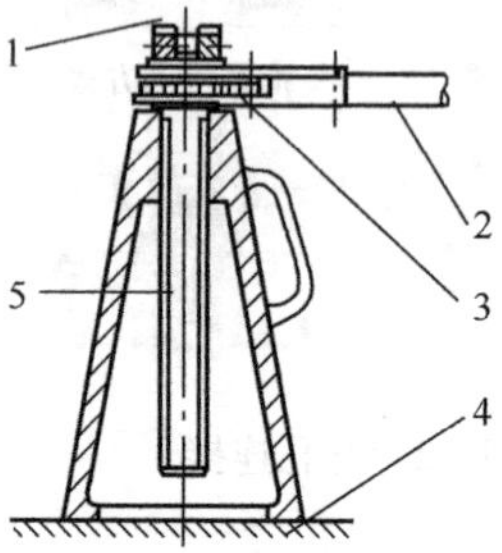


图1-33 螺旋式千斤顶

1—顶托；2—手柄；3—螺母；4—底座；5—起重螺杆

1）螺旋式千斤顶

如图1-33所示，起吊重力一般为50～500kN，起重高度为130～400mm。其特点是起重高度大、速度快，可垂直或水平操作，具备自锁功能，但效率较低。螺旋式千斤顶常用于管堵的支撑和管端较小距离的位移。

2）液压式千斤顶

液压式千斤顶根据液压传动原理设计，如图1-34所示。其特点是起重高度大、操作简单、具有自锁能力；但起重高度较小，起升速度较慢。

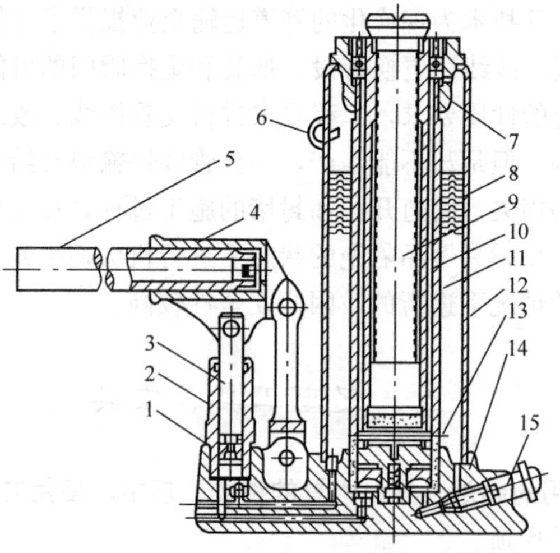


图1-34 液压式千斤

1—密封圈；2—小油缸；3—小活塞；4—扳手；5—手柄；6—油塞；7—顶帽；8—液压油；9—调节螺杆；10—大活塞；11—大油缸；12—外套；13—大密封圈；14—底座；15—回油阀杆

（2）倒链

倒链又称手拉葫芦，由链条、链轮及差动齿轮组成，如图1-35所示。倒链的起吊重力为5～300kN，起吊高度最大可为12m，它是由人工操作，使用和搬运方便，工作时1～2个工人即可操作。起吊管子时，用绳索绑扎管子和缠结倒链和起重钩，把倒链挂在人字架或龙门架上，手拉链条时，链轮和差动齿轮随之转动，起重钩上升，所吊管子等重物随之上升。若要将管子等重物下降，只要反拉链条的另一端即可达到目的。拉链时，眼睛注视链轮和起吊重物。倒链起吊管子的工作情况，如图1-35所示。

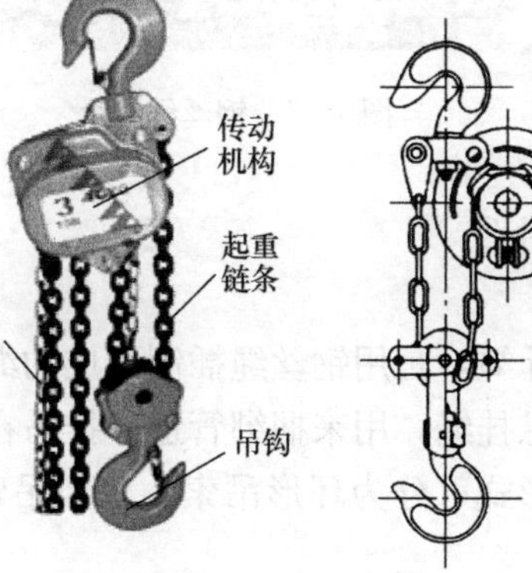


图1-35　倒链

（3）电动卷扬机

电动卷扬机是一种由机架座、涡轮减速箱、卷筒、制动装置和电器设备等部件组成的专用起吊设备。如图1-36所示。

它具有牵引力大，操作简单，运行安全的优点，因而在施工中常用来牵引较重设备。

图1-36　电动卷扬机

**2. 常用起重索具与吊具**

（1）钢丝绳

钢丝绳是用高强度细碳素钢钢丝捻绕而成，它的自重轻、强度高、耐磨损、弹性大，对于骤加载荷（猛拉）时的拉力强，工作可靠，是起吊大直径管子和管件的绳索，如图 1-37 所示。常用国产钢丝绳规格有 6×19＋1 和 6×37＋1 等。6 代表钢丝绳由 6 股捻成，每股有 19 根（或 37 根）钢丝，1 则代表一根绳芯。钢丝绳根据需要也可以打成上述麻绳那样的扎结。

图 1-37　钢丝绳

（2）吊索及附件

1）吊索

吊索又称千斤绳，是用钢丝绳插制而成的绳扣，主要用作起重机吊装物品的悬挂绳，用来捆绑管道并挂吊在吊钩上。

吊索按结构形式可分为环形吊索、双环吊索和钩环吊索等，如图 1-38 所示。

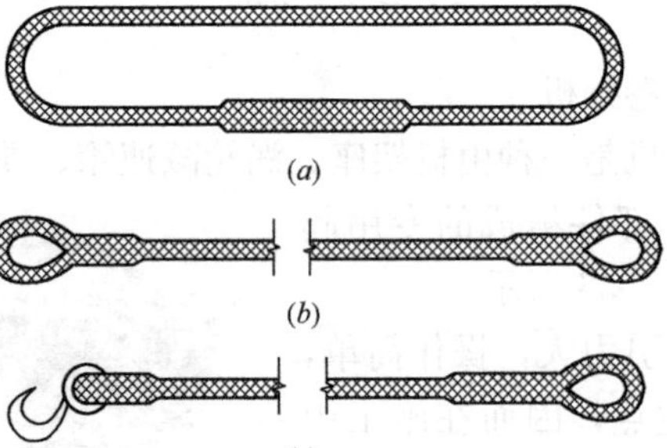


图 1-38　吊索

(a) 环形吊索；(b) 双环吊索；(c) 钩环吊索

2）绳夹

用于固定结钢丝绳末端的钢丝绳卡，又称绳卡子。常用绳夹如图1-39所示。

3）吊具

在吊装作业时，为便于物体的吊装，需采用各种形式的吊具。常用的吊具类型有卸甲、吊钩、吊环等。卸甲的结构如图1-40所示；吊钩、吊环等的结构如图1-41所示。

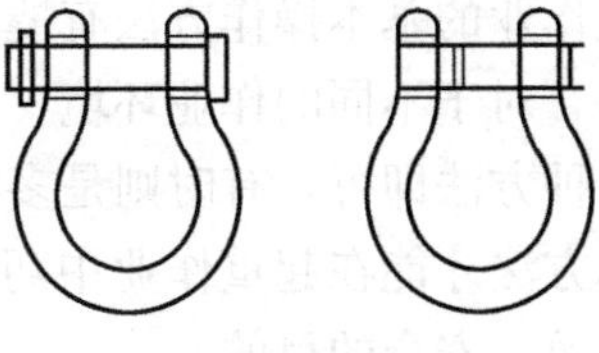

(*a*)　(*b*)

图1-39　卸甲

（*a*）销子式；（*b*）螺旋式

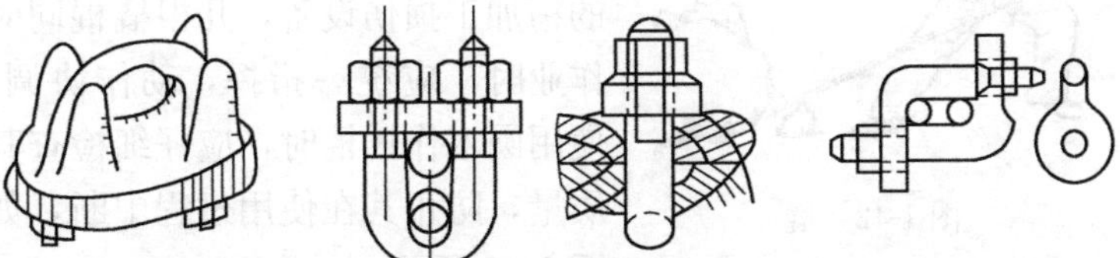

(*a*)　(*b*)　(*c*)

图1-40　绳夹的形式

（*a*）铸造绳夹；（*b*）马鞍式绳夹；（*c*）锻造环形绳夹

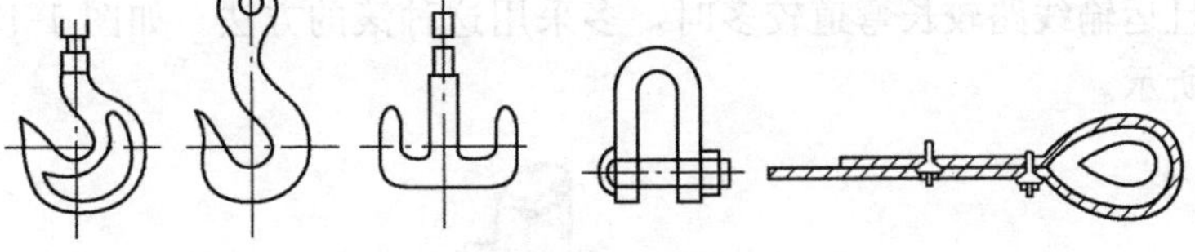

(*a*)　(*b*)　(*c*)

图1-41　吊装附件

（*a*）吊钩；（*b*）吊环；（*c*）桃形环

**3. 起重作业基本操作方法**

（1）基本操作方法

一般所说的起重作业就是对设备进行装卸、运输和吊装，起重作业的基本操作方法有撬、滑与滚、顶与落、转、拨、提、扳等，对于不同的作业环境，其采用的方法各不相同，有时采用某一种方法即可，有时则是多种操作方法的组合。掌握这些基本操作方法才能在起重作业中巧妙及灵活运用，以达到简便、省力、高效、安全的目的。

1）撬：使用撬棍抬高或搬运设备时，应尽量在撬棍的尾端用力，这样可增长力臂而省力，抬高设备时，一次抬高量不宜太大，应分多次完成，设备下面垫物时，严禁将手伸入设备下面，以防意外伤人，撬棍不得直接接触设备的精加工损伤设备，几根撬棍同时作业时，应统一指挥，动作协调。使用圆木作撬棍时，应仔细检查其质量，防止其在使用过程中断，如图 1-42 所示。

图 1-42　撬

2）滚：一般将设备放在拖排上滑移，也可用枕木和钢轨在地面上铺成平整光滑坚固的走道，使设备在走道上滑移。滚是采用在拖排下铺设滚杠，使设备随着滚杠的滚动而移动，滚动摩阻比滑动摩擦阻力小，故安装工程中，对于重而大的设备，且运输线路较长弯道较多时，多采用这种滚的方法。如图 1-43 所示。

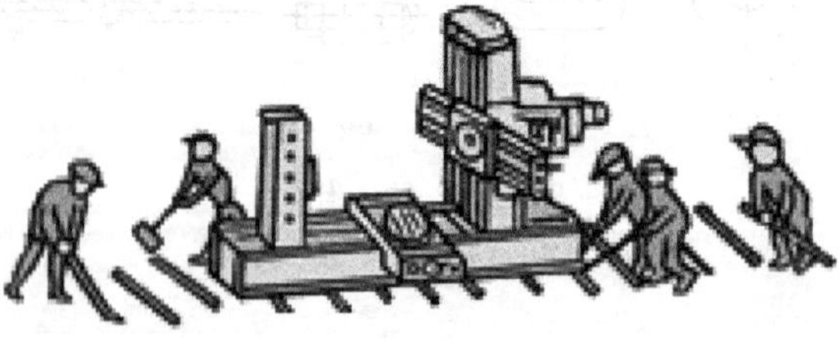

图 1-43　滚

3）顶与落：是利用各种类型千斤顶，使设备作短距离的上升，下降或水平移动。千斤顶的行程一般不大，如果设备需顶升的高度超过其行程时，可采用多次顶升法，即用千斤顶将设备顶升接近满行程时，垫上枕木，降落千斤顶，然后垫高千斤顶，继续顶升设备（也可用两套千斤顶交替顶升以节省时间），直至达到所需高度。欲使设备落位，只需将上述步骤反过来操作即可，如图 1-44 所示。

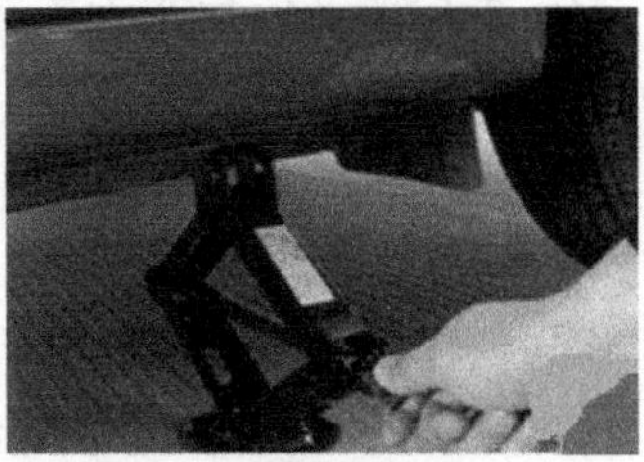

图 1-44　顶与落

4）转：是使设备绕定轴就地旋转一个角度，如容器类设备可利用捆扎设备的吊索的升降，使设备转到所需位置。亦可借助千斤顶使设备绕自身轴线旋转。如图 1-45 所示。

5）拨：是用撬棍将设备撬起后，然后横向摆动撬棍的尾部，使设备绕支点移动一个角度或距离，达到使设备移动或转动的目的。如图 1-46 所示。

图 1-45　转

图 1-46　拨

（2）工具的维护

1）千斤顶使用与维护

① 使用前应检查各部分是否完好，油液是否干净。

② 齿条式千斤顶的螺纹、齿条的磨损量达 20%时，严禁使用。

③ 千斤顶应设置在平整、坚实处，并用垫木垫平。

④ 千斤顶必须与荷重面垂直，其顶部与重物的接触面间应加防滑垫层。

⑤ 千斤顶严禁超载使用，不得加长手柄，不得超过规定人数操纵。

⑥ 使用油压式千斤顶时，任何人不得站在安全栓的前面。

⑦ 在顶升的过程中，应随着重物的上升在重物下加设保险垫层，到达顶升高度后应及时将重物垫牢。

⑧ 用两台及两台以上千斤顶同时顶升一个物体时，千斤顶的总起重能力应不小于荷重的两倍。顶升时应由专人统一指挥，确保各千斤顶的顶升速度及受力基本一致。

⑨ 油压式千斤顶的顶升高度不得超过限位标志线；螺旋及齿条式千斤顶的顶升高度不得超过螺杆或齿条高度的3/4。

⑩ 千斤顶不得在长时间无人照料下承受荷重。

⑪ 千斤顶的下降速度必须缓慢，严禁在带负荷的情况下使其忽然下降。

2）葫芦保养及维修

① 使用完毕后，应将葫芦上的泥垢擦净，存放在干燥地点，防止受潮生锈和腐蚀。

② 每年应由熟悉葫芦机构者，用煤油清洗机件，在齿轮和轴承部分，加黄油润滑，防止不懂葫芦性能原理者随意拆装。

③ 齿轮安装时，应使用两只片轮的“0”字标记安装在同一直线上。

④ 起重链轮左右轴承的滚柱，可用黄油粘附在已压装于起重链轮轴颈的轴承内圈上，再入墙板的轴承外圈内。

⑤ 安装制动装置部分时，注意棘爪部啮合良好，弹簧对棘爪的控制应灵活可靠。装上手链轮后，顺时针旋转手链轮，应将棘轮、摩擦片压紧在制动器座上，逆时针旋转手链轮，棘轮与摩擦片间应留有空隙。

⑥ 支撑杆与右墙板为静配合，维修时切勿拆卸。

⑦ 葫芦经过清洗检修后，应进行空载和重载试验，确认运

转正常，方可使用。

⑧ 在加油和使用过程中，制动装置的摩擦表面必须保持干净，并经常检修制动性能，防止制动失灵引起起重物自坠。

⑨ 为了维护和拆卸方便，手链条其中一节系开口链（不焊、涂色）。

# 二、室内管道工程安装

## （一）建筑给水排水工程安装

**1. 室内给水管道的布置与敷设**

（1）管道的布置

室内给水管道的布置与建筑物性质、建筑物外形、结构情况和用水设备的布置情况以及采用的给水方式等有关。管道布置时应力要求长度最短，尽可能与墙、梁、柱平行敷设。并便于安装和检修。

建筑物的引入管，宜从建筑物用水量最大处或用水较集中处引入。引入管一般设置一条，当建筑物不允许间断供水或室内消防栓总数超过 10 个以上时，应设两条。选择引入管位置，应考虑靠近用水设备便于观察水表，不易损坏，与其他管道保持一定间距。

给水管不得布置在建筑物内的下列部位和房间。

1）遇水能引起爆炸，燃烧或被损坏的原料，产品和设备的上面；

2）橱窗和壁橱内及木装修中，如不可避免时，应采取隔离措施；

3）可能受振动或重物压坏的地面下；

4）地下室结构层底板和设备基础内；

5）大便槽、小便槽、排水沟以及烟道、风道内；

6）若必须通过生产设备上面时，给水管应有防护措施；

7）变、配电室等。

（2）管道的敷设

根据建筑物的性质和卫生标准要求，给水管道的敷设分为明装和暗装。

1）明装

管道沿墙、梁、柱，地板或桁架敷设。其优点是安装与维修方便，造价低；缺点是室内欠美观，管道表面积灰尘，夏天产生结露等。明装一般用于民用建筑和生产车间中。

2）暗装

管道敷设在地下室、吊顶、地沟、墙槽或管井内。其优点是不影响室内美观和整洁；缺点是安装复杂、维修不便、造价高、适用于装饰和卫生标准要求高的建筑物中。

给水行道暗装时，应遵守以下规定：

① 水平干管应敷设在地下室、设备层、管廊、吊顶和管沟内；

② 立管应敷设在管道竖井或竖向墙槽内；

③ 支管允许埋设在楼板面或地面垫层内，但铜管和聚丁烯（PB）管应设套管；

④ 暗装管道阀门处应留有检修口，便于检修和操作；

⑤ 管道在适宜位置设法兰盘和检修门，以便维修或更换管道；

⑥ 管沟应设置更换管子的出入口装置。

给水管与其他管道共架敷设时，应符合下列要求：

① 给水管应在冷冻水管，排水管的上面，热水管和蒸汽管的下面。

② 管道与管道外壁（或保温层外壁）之间的最小间距为：管径不超过 32mm 时，不小于 0.1m；管径超过 32mm 时，不小于 0.15m。

③ 管道上的阀门不宜并列设置，若必须并列设置，则应满足下列规定：管径小于 50mm 时，外壁最小净距不小于 0.25m；管径 50～150mm 时，外壁最小净距不小于 0.3mm。

④ 给水水平干管应有不小于 0.002 的坡度坡向泄水。

⑤ 管沟内的管道应尽可能单层布置，当采取双层或多层布置时，一般将管径小，阀门较多的管道放在上层，管沟应有与管道相同的坡度和防水，排水设施。

⑥ 管道在地沟内或沿墙等处敷设时，应按施工技术规范和设计要求，每隔一定距离设支、吊架加以固定。

3）其他给水管道敷设遇到以下情况时，因采取的措施如下。

管道穿过建筑物墙，楼板时，应采取下列防护措施：

① 穿地下室外墙的构筑物墙壁时，应设有防水套管，如图2-1所示为刚性防水套管。

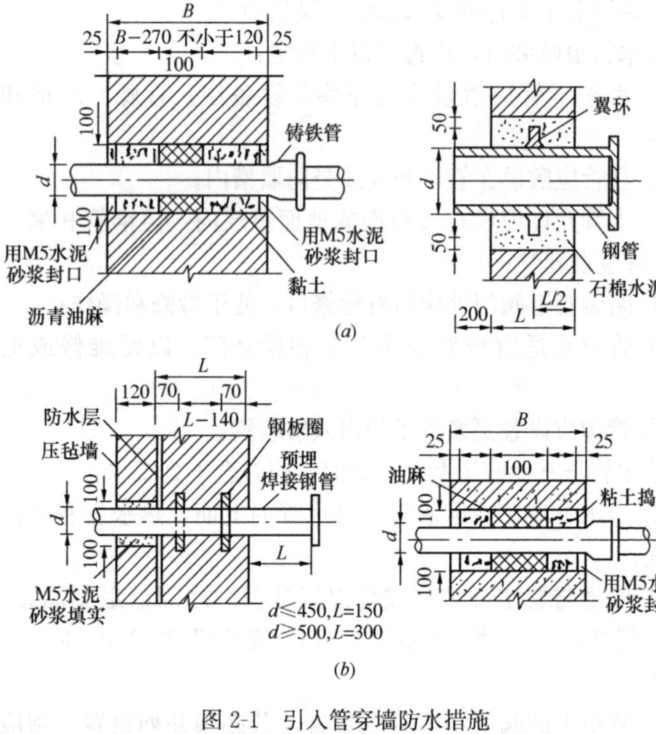


图 2-1　引入管穿墙防水措施

(a) 穿带形基础示意图；(b) 穿地下室防水措施

② 穿过建筑物承重墙或基础时，应预留洞口，其尺寸见表2-1。洞口管顶上部净空不得小于建筑物的沉降量，一般不小于

0.1m。并不透水的弹性材料填充。

③ 管道必须穿过伸缩缝及沉降缝时，宜采用波纹管、橡胶软管和补偿器等方法处理。如图 2-2 所示。

**管道穿承重墙基础预留洞尺寸** **表 2-1**

| 管径（mm） | ≤50 | 50～100 | 125～150 |
|---|---|---|---|
| 孔洞尺寸（mm） | 200×200 | 300×300 | 400×400 |

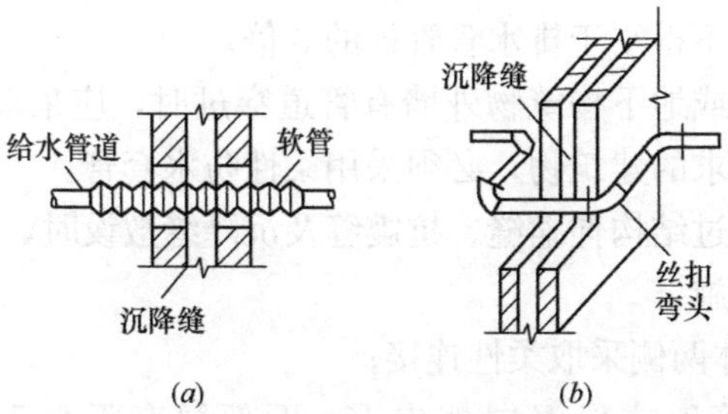


图 2-2 管道穿沉降缝措施

(a) 橡胶软管；(b) 丝扣弯头

高层建筑物中的给水立管，应采用以下防护措施：

① 管高度超过 30m，宜设置金属波纹管伸缩器，其长度应经计算确定；

② 管径超过 50mm 的立管，向水平方向转弯处，应在弯头下部设支架或支墩。给水管外壁有可能结露或管内水流结冻时，应采取下列措施：

① 防结露：可采用外壁缠聚乙烯泡沫、纤维棉、毛毡等材料；

② 防结冻：可采用外壁缠包岩棉管壳，玻璃纤维管壳、石棉管壳等材料；

③ 管道保温隔热层，应缠包密实，均匀牢固，表面平整，并按规定涂刷色。

**2. 室内给水管道的安装**

（1）室内给水系统管材应符合设计要求。

（2）给水管道必须采用与管材相适应的管件。生活给水系统所涉及的材料必须满足饮用水卫生标准要求。

（3）给水引入管和排水排出管的水平净距不得小于 1m。室内给水与排水管道平行敷设时，两管间的最小水平净距不得小于 0.5m；交叉敷设时，给水管应敷在排水管上面，垂直净距不得小于 0.15m。若给水管必须敷在排水管的下面时，给水管应加套管，其长度不得小于排水管管径的 3 倍。

地下室或地下构筑物外墙有管道穿过时，应采取防水措施。对有严格要求的建筑物，必须采用柔性防水套管。

管道穿过结构伸缩缝、抗震缝及沉降缝敷设时，应根据情况采取保护措施：

1）墙体两侧采取柔性连接；

2）在管道或保温层外皮上，下部留有不小于 150mm 的净空；

3）在穿墙处做成方形补偿器，水平安装。

明装管道成排安装时，直线部分应互相平行。曲线部分当管道水平或垂直并行时，应与直线部分保持等距；管道水平上下并行时，弯管部分曲率半径应一致。

**3. 室内排水管道的布置与敷设**

（1）排水管道的布置

1）排水横支管的布置

① 横支管不宜太长，尽量少转弯，当条件受限时宜采用两个 45°弯头或乙字弯，一根支管连接的卫生器具不宜太多；

② 器具排水管与横支管宜采用 90°斜三通连接，横管与横管或横管与立管连接宜采用 90°斜三（四）通，也可以采用直角顺水三（四）通；

③ 横支管不得布置在食堂、饮食业的主副操作烹调设备的上方，也不得在遇水易燃烧、爆炸或损坏原料、产品和设备的

上面；

④ 横支管不得穿过对生产工艺或卫生有特殊要求的生产厂房、贵重商品仓库、变电室；

⑤ 横支管不宜穿过建筑物的沉降缝、伸缩缝、风道烟道等；

⑥ 横支管距楼板和墙应有一定的距离，便于安装和维修；

⑦ 当横支管悬吊在楼板下，接有 2 个及 2 个以上大便器或 3 个及 3 个以上卫生器具时，横支管顶端应升至上层地面设清扫口。

2）排水立管的布置

① 管应设在最脏、杂质最多及排水量最大的排水点处。

② 立管宜靠外墙，以减少埋地管长度，且立管管中心应与墙面有一定的距离（见表 2-2），便于清通和维修。

**排水立管管中心与墙面距离　　表 2-2**

| 立管直径（mm） | 50 | 75 | 100 | 125 | 150 | 200 |
|---|---|---|---|---|---|---|
| 管中心与墙面距离（mm） | 50 | 70 | 80 | 90 | 110 | 130 |

③ 立管不得穿越卧室、病房等对卫生及安装要求较高的房间，并应避免靠近与卧室相邻的内墙。

④ 当排水立管仅设伸顶通气管（无专用通气立管）时，最低排水横支管与立管连接处，距排水立管管底垂直距离，不得小于表 2-3 规定。

**最低横支管与立管连接处至立管管底的最小距离　　表 2-3**

| 立管连接卫生器具的层数（层） | 垂直距离（m） |
|---|---|
| ≤4 | 0.45 |
| 5～6 | 0.75 |
| 7～19 | 1层 |
| ≥20 | 1层 |

⑤ 立管应设检查口，其间距不大于 10m 但底层和最高层必

须设。检查口中心至地面距离为1m，并应高于该层溢流水位最低的卫生器具上边缘0.15m。

⑥ 立管穿越楼板时，应设套管，对于现浇楼板应预留孔洞或镶入套管，其孔洞尺寸要求比管径大50～100mm。

3）横干管及排出管的布置

① 排出管以最短的距离排出室外，尽量避免在室内转弯。

② 建筑层数较多时，应按表2-4底部横管最小垂直距离。

**最低横支管与立管连接处至立管管底的最小距离　　表2-4**

| 立管连接卫生器具的层数（层） | 垂直距离（m） | 立管连接卫生器具的层数（层） | 垂直距离（m） |
|---|---|---|---|
| ≤4 | 0.45 | 一层 | 7～19 |
| 5～6 | 0.75 | 一层 | ≥20 |

③ 埋地管不得布置在可能受重物压坏或穿越设备生产的基础。

④ 埋地管穿越承重墙或基础时，应预留孔洞，其尺寸见表2-5，并且必须在管道外套较其直径大200mm的金属套管或设置钢筋混凝土过梁，灌顶上部净空尺寸不得小于建筑物沉降量，一般不宜小于0.15m。

⑤ 管道穿越地下室外墙或地下构建筑物的墙壁处时，应采取防水措施。

⑥ 埋地管应进行防腐处理。

**排水管穿越承重墙或基础处预留孔洞尺寸　　表2-5**

| 管径 $D$ | 50～70 | ≥100 |
|---|---|---|
| 孔洞尺寸（高×宽） | 300×300 | （$D$+300）×（$D$+200） |

⑦ 湿陷性黄土地区的排出管应设在地沟内，并应设检查井。

⑧ 距离较大的直线管段上应设检查口或清扫口，其最大间距见表2-6。

**污水横管的直线管段上检查口或清扫口之间的最大距离　表 2-6**

| 管道直径（mm） | 清扫设备种类 | 距离（mm） | | |
|---|---|---|---|---|
| | | 生产废水 | 生活污水及与生活污水成分接近的生产污水 | 含有大量悬浮物和沉淀物的生活污水 |
| 50～70 | 检查口 | 15 | 12 | 10 |
| | 清扫口 | 10 | 8 | 6 |
| 100～150 | 检查口 | 20 | 15 | 12 |
| | 清扫口 | 15 | 10 | 8 |
| 200 | 检查口 | 25 | 20 | 15 |

⑨ 排出管与室外排水管相连接，其管顶标高不得低于室外排水管管顶标高，连接处的水流转角不小于 90°，当跌落差大于 0.3m 时可不受角度限制。

⑩ 排出管与室外排水管连接处应设检查井，检查井中心到建筑物外墙的距离不宜小于 3m 且不大于 10m，检查井至污水立管或排出管上清扫口的距离不大于表 2-7 中的数值。

**室外检查井中心至污水立管或排出管上清扫口的最大距离　表 2-7**

| 管径（mm） | 50 | 75 | 100 | ＞100 |
|---|---|---|---|---|
| 最大长度（m） | 10 | 12 | 15 | 20 |

4）通气系统的布置

① 生活污水管道和散发有毒有害气体的生产污水管道应设伸顶通气管。伸顶通气管高出层面的高度不小于 0.3m，且大于该地区最大积雪厚度，当屋顶为上人屋顶时，应不小于 2m，并应按要求设置防雷装置。

② 通气立管不得接纳污水、废水和雨水，通气管不得与通风管或烟道连接。

③ 若通气管口周围 4m 以内有门窗时，其管口高度应超出窗顶 0.6m 或引向无门窗一侧，通气口不宜设在建筑物挑出部分

的下面（如屋檐檐口、阳台、雨篷等）。

（2）排水管道的敷设

室内排水管道的敷设方式有明装和暗装两种。明装是指管道沿墙、梁、柱直接敷设在室内，其优点是安装、维修、清通方便，工程造价低，但是不够美观，且因暴露在室内易集灰、结露影响环境卫生。明装一般用于对环境要求不高的住宅、饭店、集体宿舍等建筑物。暗装是将管道敷设在管槽、管沟或管井中，这种方式美观好看，但工程造价较高。

**4. 室内排水管道的安装**

室内污水管道一般采用铸铁排水管或硬聚氯乙烯（UPVC）塑料排水管。安装的一般顺序为：排出管→立管→通气管→各层横管→支管→卫生器具短支管。

（1）排出管的安装

为便于施工，可对部分排水管材及管件预先捻口，养护后运至施工现场。在室内或挖好的管沟中，将预制好的管道承口作为进水方向，按照施工图所注标高，找好坡度及各预留口的方向和中心，捻好固定口。待铺设好后，灌水检查各接口有无渗漏现象。经检查合格后，临时封堵各预留管口，以免杂物落入，并通知土建填堵孔洞，按规定回填土。

管道穿过房屋基础或地下室墙壁时应预留孔洞，并应做好防水处理，如图 2-3 所示。预留孔洞尺寸见表 2-8。

**排水管基础预留孔洞尺寸**（单位：mm）　　**表 2-8**

| 管径 | 50～100 | 125～150 | 200～250 |
|---|---|---|---|
| 孔洞 A 尺寸（长×宽） | 300×300 | 400×400 | 500×500 |
| 孔洞 A 穿砖墙（长×宽） | 240×240 | 360×360 | 490×490 |

为了减小管道局部阻力和防止污物堵塞管道，通向室外的排出管，穿过墙壁或基础必须下弯时，应用两个 45°弯头连接，如图 2-3 所示。排水管道横管与横管及横管与立管的连接，应采用 45°三通或 45°四通和 90°斜三通或 90°斜四通。

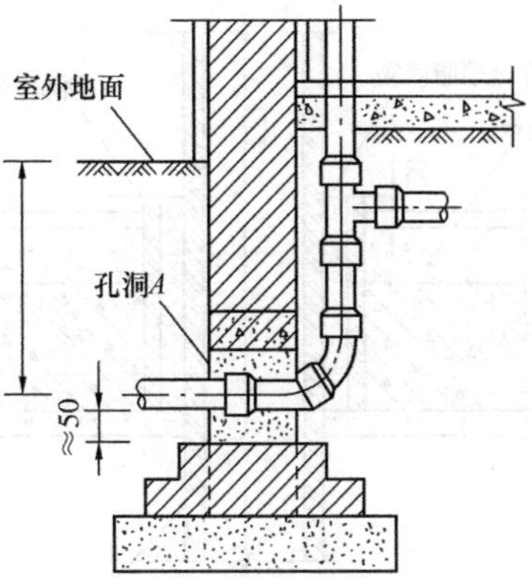


图 2-3　排水管穿基础图

排出管应与室外排水管道管顶标高相平齐，并且在连接处的排出管的水流转角不应小于 90°，排出管与室外排水管道连接处应设检查井，检查井中心至建筑物外墙距离不宜小于 3m。检查井也可设在管井中。

由于室内排水管是靠重力流动，要求排水管有一定的坡度。生活污水和地下埋设的雨水排水管的坡度应符合要求。

(2) 排水立管的安装

排水立管常沿卫生间墙角敷设，排水立管穿楼板做法如图 2-4 所示。现浇楼板则应预留孔洞，预留孔洞位置及尺寸可见表 2-9。

**立管与墙面距离及楼板预留孔洞尺寸**（单位：mm）　**表 2-9**

| 管径 | 50 | 75 | 100 | 150 |
|---|---|---|---|---|
| 管轴线与墙面距离 | 100 | 110 | 130 | 150 |
| 楼板预留孔洞尺寸（长×宽） | 100×100 | 200×200 | 200×200 | 200×200 |

安装立管时，应两人上下配合，一人在上层楼板上用绳拉，一人在下面顶托，把管子移动对准下层承口将立管插入。下层的人要把甩口（三通口）的方向找正，随后吊直，上层的人用木楔将管临时卡牢，然后捻口，堵好立管洞口。

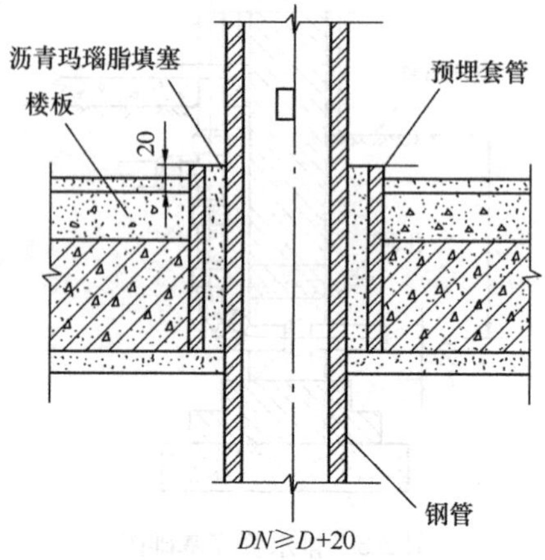


图 2-4　排水立管穿楼板示意图

现场施工时，立管可先预制，也可将管材。管件运至各层进行现制。

(3) 排水支管的安装

将支管水平吊起，涂抹胶粘剂，用力推入预留管口，调整坡度后固定卡架，封闭各预留管口和填洞。硬聚氯乙烯管道支架允许最大间距，见表 2-10。

**硬聚氯乙烯管道支架允许最大间距　　表 2-10**

| 管径（mm） | | 50 | 75 | 110 | 125 | 160 |
|---|---|---|---|---|---|---|
| 支吊架最大间距（m） | 横管 | 0.5 | 0.75 | 1.1 | 1.3 | 1.6 |
| | 立管 | 1.2 | 1.5 | 2.0 | 2.0 | 2.0 |

塑料管与铸铁管连接时，宜采用专用配件。当采用石棉水泥或水泥捻口连接时，应先把塑料管插口外表面用砂布打毛或涂刷胶黏剂后滚黏干燥的粗黄砂，插入铸铁承口后再填嵌油麻，用石棉水泥或水泥捻口。塑料管与钢管、排水栓连接时采用专用配件。在设计要求安装防火套管或阻火圈的楼层，应先将防火套管或阻火圈套在欲安装的管段上，然后进行管道接口连接。室内排

水塑料管道安装完毕后，对安装质量和安装尺寸进行检查和复核，并应做系统灌水试验。

**5. 常用卫生器具的安装**

（1）卫生器具安装注意事项

卫生器具的安装一般是在室内装修工程施工之后，室内排水管道安装完毕时进行。卫生器具的安装前，应检查外观，其安装高度应符合设计要求，如设计无要求，应符合表 2-11 的要求。

**卫生器具的安装高度　　表 2-11**

<table>
<tr><th rowspan="2">序号</th><th rowspan="2" colspan="3">卫生器具名称</th><th colspan="2">卫生器具安装高度(mm)</th><th rowspan="2">备　注</th></tr>
<tr><th>居住和公共建筑</th><th>幼儿园</th></tr>
<tr><td rowspan="2">1</td><td rowspan="2" colspan="2">污水盆（池）</td><td>架空式</td><td>800</td><td>800</td><td rowspan="2"></td></tr>
<tr><td>落地式</td><td>500</td><td>500</td></tr>
<tr><td>2</td><td colspan="3">洗涤盆</td><td>800</td><td>800</td><td rowspan="4">自地面至器具上边缘</td></tr>
<tr><td>3</td><td colspan="3">洗脸盆和洗手盆（有塞、无塞）</td><td>800</td><td>500</td></tr>
<tr><td>4</td><td colspan="3">盥洗槽</td><td>800</td><td>500</td></tr>
<tr><td>5</td><td colspan="3">浴盆</td><td>≯520</td><td>—</td></tr>
<tr><td rowspan="2">6</td><td rowspan="2">蹲式大便器</td><td colspan="2">高水箱</td><td>1800</td><td>1800</td><td>自台阶面至高水箱底</td></tr>
<tr><td colspan="2">低水箱</td><td>900</td><td>900</td><td>自台阶面至低水箱底</td></tr>
<tr><td rowspan="3">7</td><td rowspan="3">坐式大便器</td><td colspan="2">高水箱</td><td>1800</td><td>1800</td><td>自台阶面至高水箱底</td></tr>
<tr><td rowspan="2">低水箱</td><td>外露排出管式</td><td>510</td><td>—</td><td rowspan="2">自台阶面至低水箱底</td></tr>
<tr><td>虹吸喷射式</td><td>470</td><td>370</td></tr>
<tr><td>8</td><td>小便器</td><td colspan="2">挂式</td><td>600</td><td>450</td><td>自地面至器具下边缘</td></tr>
<tr><td>9</td><td colspan="3">小便槽</td><td>200</td><td>150</td><td>自地面至台阶面</td></tr>
<tr><td>10</td><td colspan="3">大便槽冲洗水箱</td><td>2000</td><td>—</td><td>自台阶面至水箱底</td></tr>
</table>

续表

| 序号 | 卫生器具名称 | 卫生器具安装高度(mm) | | 备　注 |
|---|---|---|---|---|
| | | 居住和公共建筑 | 幼儿园 | |
| 11 | 妇女卫生盆 | 360 | — | 自地面至器具上边缘 |
| 12 | 化验盆 | 800 | — | |

卫生器具安装的允许偏差和检查方法见表 2-12。

**卫生器具安装的允许偏差和检查方法　　表 2-12**

| 项次 | 项　目 | | 允许偏差（mm） | 检查方法 |
|---|---|---|---|---|
| 1 | 坐标 | 单个器具 | 10 | 拉线、吊线和尺量检查 |
| | | 成排器具 | 5 | |
| 2 | 标高 | 单个器具 | ±15 | |
| | | 成排器具 | ±10 | |
| 3 | 器具水平度 | | 2 | 用水平尺和尺量检查 |
| 4 | 器具垂直度 | | 3 | 吊线和尺量检查 |

（2）常用卫生器具的安装

1）坐式大便器安装

坐式大便器分高、低水箱冲洗式两种，常见低水箱坐式大便器，如图 2-5 所示。其本体构造自带水封，故不另安装存水弯。

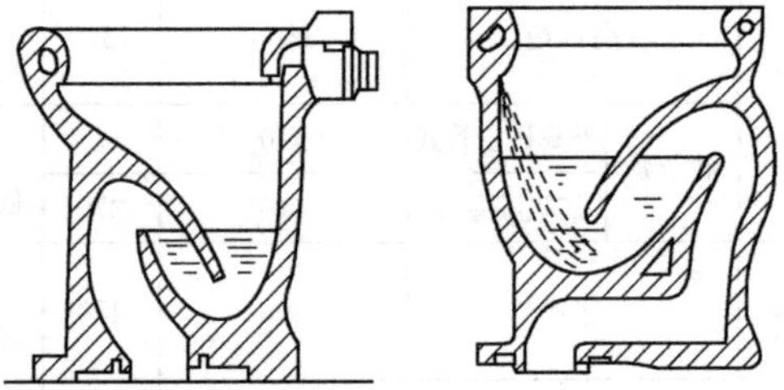

(*a*)　　(*b*)

图 2-5　坐式大便器

（*a*）漏斗形冲洗式大便器；（*b*）漏斗形虹吸式大便器

坐式大便器安装如图 2-6 所示。图 2-6 中所示节点 A 的安装示于图 2-7 中。

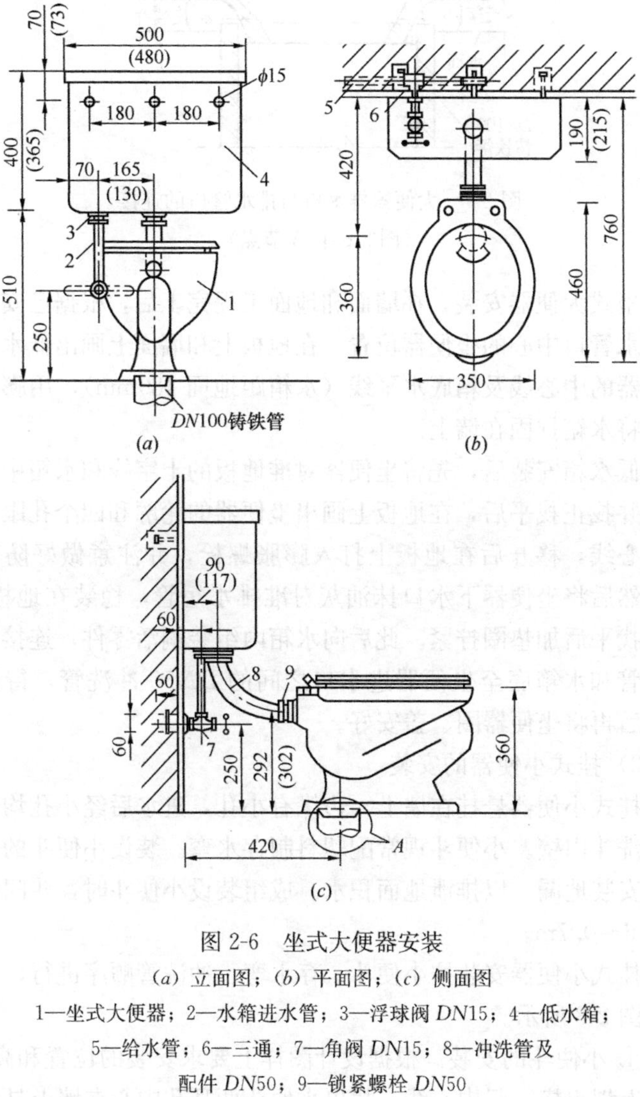


图 2-6 坐式大便器安装

(*a*) 立面图；(*b*) 平面图；(*c*) 侧面图

1—坐式大便器；2—水箱进水管；3—浮球阀 *DN*15；4—低水箱；5—给水管；6—三通；7—角阀 *DN*15；8—冲洗管及配件 *DN*50；9—锁紧螺栓 *DN*50

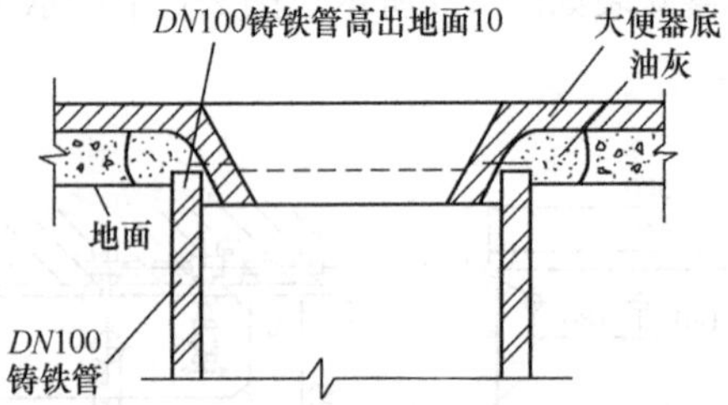


图 2-7 大便器排水口与排水管口的连接
（图 2-6 中 A 节点）

坐式大便器安装，在墙面和地面工程完工后，根据已安装好的下水管口中心的坐便器位置，在地板上和墙面上画出低水箱和坐便器的中心线及箱底水平线（水箱距地面 480mm），用膨胀螺栓法将水箱拧固在墙上。

低水箱安装后，先将坐便器对准地板的十字线和水箱中心线试装并找正找平后，在地板上画出坐便器的轮廓和四个孔眼的十字中心线，移开后在地板上打入膨胀螺栓，并注意做好防水处理，然后将坐便器下水口抹油灰对准排水短管，稳装在地板上，找正找平后加垫圈拧紧。此后向水箱内组装铜活零件，连接水箱进水管和水箱底至坐便器进水口之间的 *DN*50 冲洗管，待试水合格后再将坐便器圈、盖安好。

2）挂式小便器的安装

挂式小便器悬挂在墙上，边缘有小孔，进水后经小孔均匀分布淋洗斗内壁。小便斗现常配塑料制存水弯。装设小便斗的地面上应安装地漏，以排泄地面积水。成组装设小便斗时，斗间中心距 0.6～0.7m。

挂式小便器安装按小便斗、存水弯、冲洗管顺序进行，其安装如图 2-8 所示。

① 小便斗的安装。根据设计图样上要求安装的位置和高度，在墙上划出横、竖中心线，找出小便斗两耳孔中心在墙上具体位置，然后在此位置上打洞预埋木砖，木砖离地面高 710mm，平

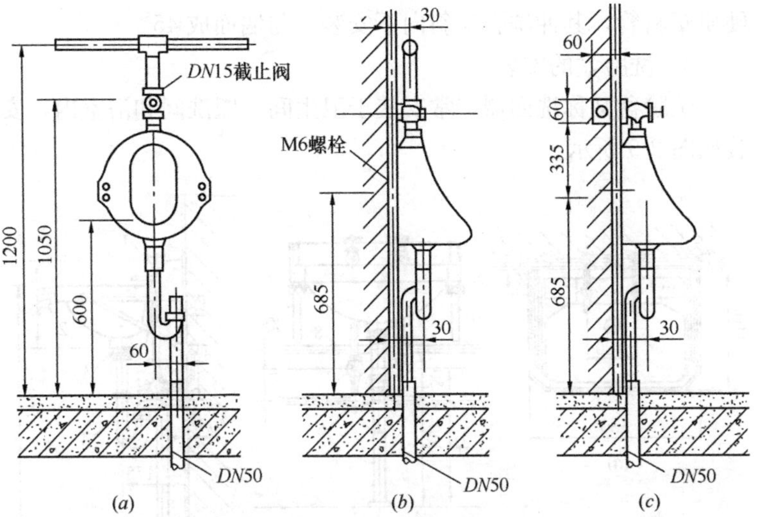


图 2-8 挂式小便器的安装

(*a*) 明装立面；(*b*) 明装侧面；(*c*) 暗装侧面

行的两块木砖中心距离 340mm，木砖规格是 50mm×100mm×100mm，最好在土建砌墙时砌入。小便斗安装时用 4 颗 65mm 长木螺钉配上铅垫片，穿过小便斗耳孔将其紧固在木砖上，小便斗上沿口离光地面高 600mm。

② 存水弯管的安装。塑料存水弯直径为 32mm，把其下端插入预留的排水管口内，上端套在已缠好麻和铅油的小便斗排存水弯与排水管间隙处，用铅油麻丝缠绕塞严。

③ 安装进水管。将角阀安装在预留的给水管上，使护口盘紧靠墙壁面。用截好的小铜管背靠背地穿上铜碗和锁紧螺母，上端缠麻，抹好铅油插入角形阀内，下端插入小便斗的进水口内，用锁紧螺母与角阀锁紧，用铜碗压入油灰，将小便斗进水口与小铜管下端密封。

此外，还有立式小便器和小便槽。立式小便器通常安装在卫生设备标准较高的男厕中；小便槽被广泛安装在工程企业、公共建筑、集体宿舍的男厕中。小便槽的冲洗管，应采用镀锌钢管或硬质塑料管，其冲洗孔应斜向下安装，与墙面成45°。

3）洗脸盆的安装

洗脸盆又称洗面器，常安装于卫生间、盥洗间和浴室内，安装如图2-9所示。

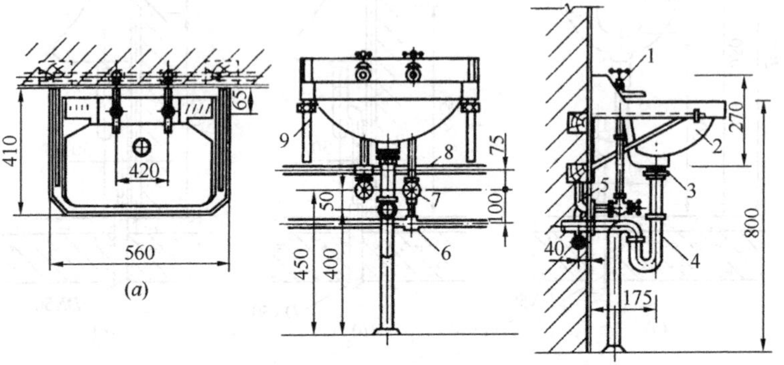


图2-9　墙架式洗脸盆

(a) 平面图；(b) 立面图；(c) 侧面图

1—嘴；2—洗脸盆；3—排水栓；4—存水弯；5—弯头；6—三通；7—角式截止阀及冷水管；8—热水管；9—托架

安装时，根据洗脸盆排水短管口中心和安装高度在墙上划出中心线，找出盆架位置，用木螺钉和膨胀螺栓将盆架固定。洗脸盆安装有冷、热水管，两管平行敷设，可以暗装，也可以明装。暗装管在出墙处用压盖盖住。脸盆用水嘴垫上胶皮垫穿入脸盆的进水孔，然后加垫并用锁紧螺栓紧固。冷、热水管的角阀中心应与脸盆上的两只水嘴的中心对直。脸盆水嘴与角阀之间用黄铜管镶接时，应避免铜管有较大弯曲。

冷、热水管的角阀中心距地面高450mm，冷、热水嘴距离150mm。冷水竖管在右边，热水竖管在左边，分别与脸盆上的冷、热水水嘴衔接。脸盆水嘴的手柄中心处有冷、热水的标志，蓝色或绿色标志冷水水嘴，红色标志热水水嘴。如果脸盆仅装冷水水嘴，应装在右边水嘴的安装孔内，左边的水嘴安装孔用瓷压盖涂油灰封死。水嘴安装应端正、牢固。

4）淋浴器的安装

现场制作的管式淋浴器的安装如图 2-10 所示。管式淋浴器由莲蓬头，冷、热水管，阀门及冷、热水混合立管等组成，安装在墙上。

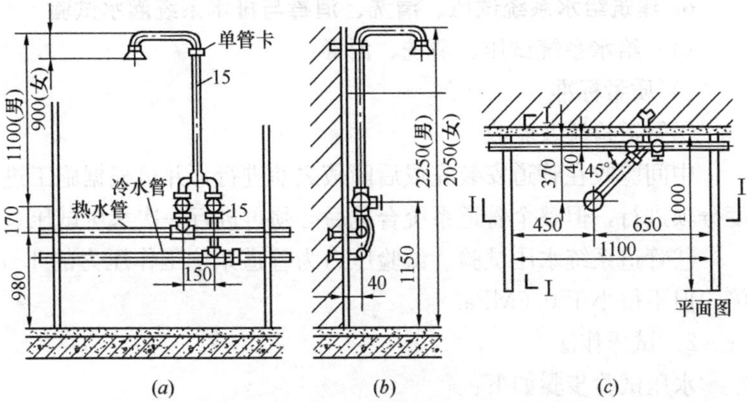


图 2-10　管件淋浴器安装

（*a*）明装立面；（*b*）明装侧面；（*c*）暗装侧面

安装时，在墙上先划出管子垂直中心线和阀门水平中心线。一般连接淋浴器的冷水横管中心距地面 900mm，热水横管距地面 1000mm，冷、热水管平行敷设，中心间距 100mm。由于冷水管在下、热水管在上，所以连接莲蓬头的冷水支管用元宝弯的形式绕过热水横管。明装淋浴器的进水管中心离墙面的间距 40mm。元宝弯的弯曲半径为 50mm，与冷水横管夹角为 60°，淋浴器的冷、热水管采用镀锌钢管，管径一般为 *DN*15mm，在离地面 1800mm 处装管卡一只，将立管加以固定，不准用勾钉固定。

冷、热水截止阀中心距光地面的高度为 1150mm，冷水竖管截止阀偏右边，热水竖管截止阀偏左边，同脸盆的水嘴一样，阀柄中心有红、蓝标志。紧靠截止阀的活接头应装在阀门的上面，不能装在阀门的下面。

两组以上淋浴器成组安装时，阀门、莲蓬头及管卡应保持在同一高度，两淋浴器间距一般为 900～1000mm，安装时将两路冷、热水横管组装调直后，先按规定的高度尺寸，在墙上固定就位，再集中安装淋浴器的成排支、立管及莲蓬头。

**6. 建筑给水系统试压、清洗、消毒与排水系统灌水试验**

（1）给水系统试压、清洗、消毒

1）质量标准

①管道检验及验收

中间验收在管道安装完成后隐蔽之前进行，并可根据施工进度分项进行，但整个管道系统合拢后必须再进行一次水压试压。

②管道系统水压试验　试验压力为管道系统工作压力的 1.5 倍，但不得小于 0.6MPa。

2）试压作法

水压试验步骤如下：

① 将试压管路各配水点封堵、缓慢注水同时将管内空气排出。

② 管道充满水后进行严密性检查。

③ 对系统加压，采用手动加压泵缓慢升压，升压时间不应小于 10min。

④ 升压至规定的试验压力后，停止加压稳压 1h，观察各接口部位应无渗漏现象。

⑤ 稳压 1h 再补压至规定的试验压力值，15min 内压力降不超过 0.05MPa 为合格。

⑥ 以上步骤的水压试验合格后，再进行持压试验、将系统再次升压至试验压力值，持续 3h，压力不降至 0.06MPa，且无渗漏现象为合格。

3）管道冲洗、消毒

管道试压合格后，将管道内水放空，各配水点与配水件连接后，进行管道消毒，向管道系统内灌注含 20～30mg/L 有效氯的溶液，浸泡24h以上。消毒结束后，放空管道内的消毒液，用生活饮用水冲洗管道，至各末端配水件出水水质符合卫生饮用水的卫生标准。再将管道系统升压至0.6MPa，检查各配水件接口应无渗漏方可交付使用。

（2）排水管道系统和设备的灌水、通水试验检验方法

1）室内隐蔽或埋地排水管灌水试验：灌水高度不低于低层卫生器具的上边缘或底层地面高度，满水15min水面下降后，再灌满观察5min，液面不降，管道及接口无渗漏。

2）室内排水主立管及水平干管，通球试验：通球球径不小于排水管径2/3；通球率必须达到100%。

3）室内雨水管道灌水试验：灌水高度必须到每根立管上部的雨水斗；持续1h，不渗不漏。

4）卫生器具满水、通水试验：满水后各连接件不渗不漏；通水后给、排水畅通。

5）室内排水管道满水、通水试验：按排水检查井分段试验，试验水头应以试验段上游管顶加1m，不少于30 min，排水应畅通、无堵塞、管接口无渗漏。

## （二）建筑采暖工程安装

**1. 采暖系统分类、组成及形式**

（1）采暖系统分类

采暖系统根据不同的特征，有各种不同的分类方法。按热媒不同分类有：

1）热水采暖系统：以热水为热媒的供热系统称为热水采暖系统。

2）蒸汽供暖设备：以蒸汽为热媒的供热系统称为蒸汽采暖系统。

（2）采暖系统组成

采暖系统是建筑工程中一个重要组成部分，任何形式的采暖

系统都是由热源、供热管道和散热设备三个基本部分组成。

1）热源

热源部分是指热介质制备设备，如锅炉等。此外还可以利用工业余热、太阳能、地热、核能等作为采暖系统的热源。

2）供热管道

供热管道是指热媒的输送管网，包括室内外采暖管道等。

3）散热设备

散热设备是指各类型散热器、暖风机和散热板等。

**2. 室内采暖管道及配件安装**

室内采暖管道以入口阀门或建筑物外墙皮 1.5m 为界。使用管材主要是钢管，也有采用铝塑复合管和塑料管。采暖系统管道为闭路循环管路，采暖系统的坡向和坡度必须严格按设计施工，以保证顺利排除系统中的空气和收回采暖回水。不同热媒的采暖系统有不同的坡向和坡度要求，在安装水平干管时，绝对不许装成倒坡。室内管道要做到横平、竖直、规格统一、外观整齐、不能影响室内美观。

（1）安装工艺流程

施工准备→预制加工→支架安装→干管安装→散热器安装→立管安装→支管安装→试压→防腐与保温→调试。

（2）施工准备

采暖系统施工准备的目的是为了给以后的施工创造良好条件，主要包括材料准备、技术准备和工机具准备。

1）材料准备

根据施工进度计划，提出材料计划。材料进场后，要对其材质、规格、型号、数量、误差及外观缺陷等进行检验，符合国家技术标准或设计要求的为合格材料，不合格的材料不得验收。

2）技术准备

技术准备包括图纸资料准备、熟悉图纸资料、施工图会审、技术交底、编制施工组织设计。

3）工机具准备

开工前应先检查现有施工机械的性能状况，并加强维修，不足时应加以补充。

(3) 干管安装

室内采暖系统中，供热干管是指供热管、回水管与数根采暖立管相连接的水平管道部分，包括供热干管及回水干管两类，当供热干管安装在地沟、管廊、设备层、屋顶内时，应做保温层；而明装与顶层板下和地面时则可不做保温。

1) 画线定位

首先应根据施工图所要求的干管走向、位置、标高和坡度，检查预留孔洞，挂通线弹出管子安装的坡度线；为便于管道支架制作和安装，取管沟标高作为管道坡度线的基准，为保证弹画坡度线符合要求，挂通线时如干管过长，挂线不能保证平直度时，中间应加铁钎支撑。

2) 管段加工预制

按施工草图进行管段的加工预制，包括断管、套丝、上零件、调直、核对好尺寸，按环路分组编号，码放整齐。

3) 安装卡架

按设计要求或规定间距安装。吊卡安装时，先把吊棍按坡向顺序依次穿在型钢上，吊环按间距位置套在管上，再把管抬起穿上螺栓拧上螺母，将管固定。安装托架上的管道时，先把管就位在托架上，先把第一节管装好U形卡，然后安装第二节管，以后各节管均照此进行，紧固好螺栓。

4) 干管就位安装

① 干管安装应从进户或支路分点开始，安装前要检查管腔并清理干净。在丝头处涂好铅油缠好麻，一人在末端扶平管道，一人在接口处把管固定对准丝扣，慢慢转动入扣，用一把管钳咬住前节管件，用另一把管钳转动管到松紧合适，对准调直时的标记，要求丝扣外露2～3扣并清掉麻头，依此方法装完为止。

管道地上明设时，可在底层地面上沿墙敷设，过门时设过门地沟或绕行，如图 2-11 所示。

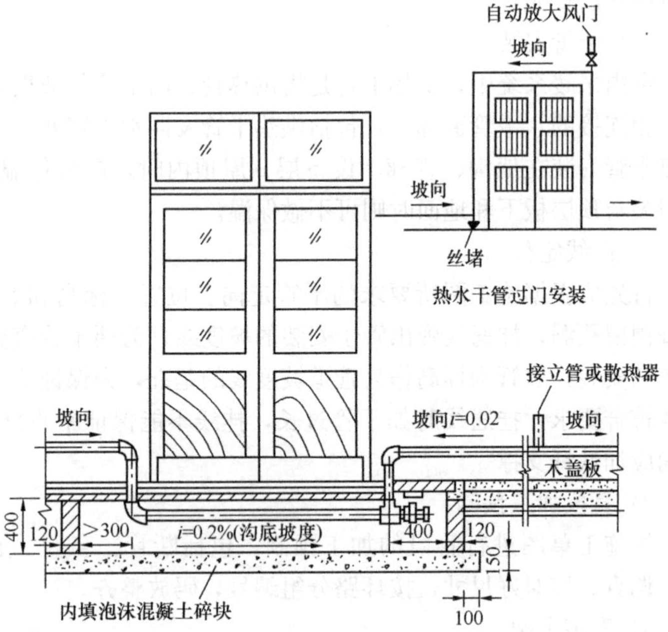


图 2-11　采暖管道过门示意图

② 制作羊角弯时，应成两个 75°左右的弯头，在连接处锯出坡口，主管锯成鸭嘴形，拼好后即应点焊、找平、找正、找直，然后在进行施焊。羊角弯接合部位的口径必须与主管口径相等，其弯曲半径应为管径的 2.5 倍左右。干管过墙安装分路做法，如图 2-12 所示。

③ 干管与分支管连接时，应避免使用 T 形连接，否则，当干管伸缩时有可能将直径较小的分支干管连接焊口拉断，正确的连接如图 2-13 所示。

④ 采用焊接钢管，先把管子调直，清理好管膛，运到安装点，安装程序从第一节开始：把管就位找正，对准管口使预留口方向准确，找直后用电焊点焊固定，施焊，焊完后应保证管道正直。

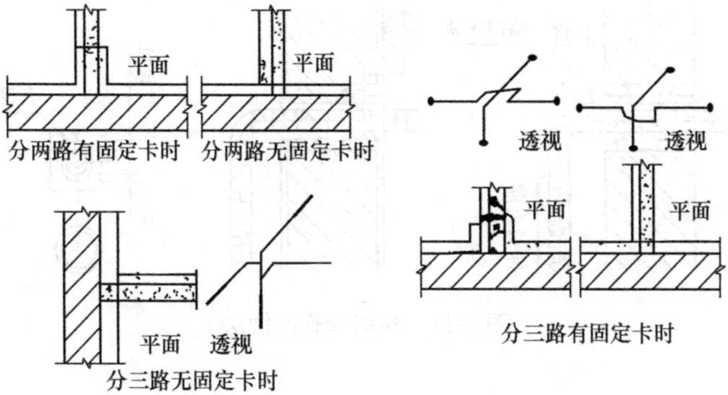


图 2-12　干管过墙安装分路做法

⑤ 遇到伸缩器，应在预制时按规范要求做好预拉伸，并做好记录，按位置固定，与管道链接好。波纹伸缩器应按要求位置安装好导向支架和固定支架，并分别安装阀门、集气罐等附属设备。

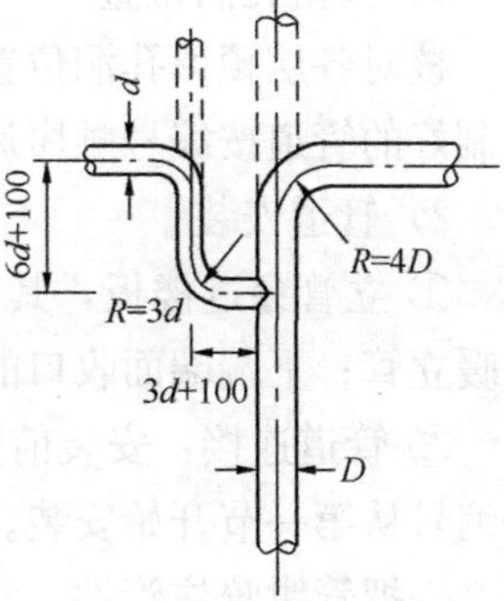


图 2-13　干管与分支干管连接

⑥ 管道安装完，检查坐标、标高、预留口位置和管道变径等是否正确，然后找直，用水平尺校对复核坡度，调整合格后，再调整吊卡螺栓 U 形卡，使其松紧适度，平正一致，最后焊牢固定卡处的止动板。

⑦ 摆正或安装好管道穿墙处的套管，填堵管洞口，预留口处应加好临时管堵。穿墙套管做法如图 2-14 所示。

5）试压

干管安装完毕后，为方便进行该管段的油漆和保温应进行阶段性的管道试压，室内采暖系统的压力试验通常采用水压试验。

（4）立管安装

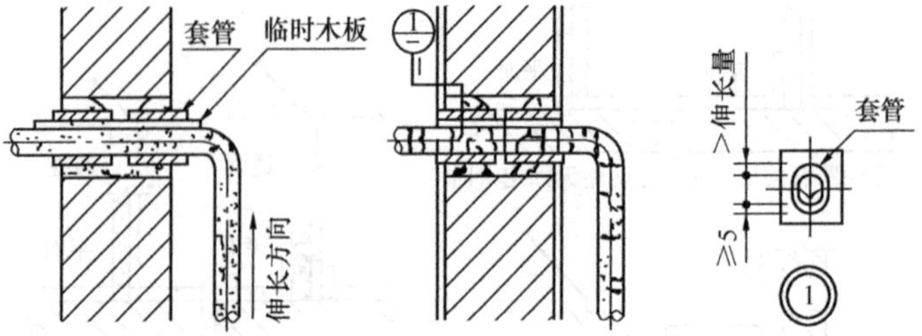

图 2-14　穿墙套管的做法

立管安装一般在抹灰后和散热器安装完毕后进行，如需在抹地板前安装，要求土建的地面标高必须准确。

1）预留孔洞检查

核对各层预留孔洞位置是否垂直，吊线、剔眼、栽卡子。将预制好的管道按编号顺序运到地点。

2）管道安装

① 立管穿过楼板，其上部同心收口的套管用于普通房间的采暖立管；下端端面收口的套管用于厨房或卫生间的立管。

② 管道连接：安装前先卸下阀门盖，有钢套管的先穿管上，按编号从第一节开始安装。涂铅油缠麻丝将立管对准接口转动入扣，一把管钳咬住管件，一把管钳拧管，拧到松紧适度，对准调直时的标记要求，丝扣外露 2～3 扣，直到预留口平正为止，并清理干净麻头。依次顺序向上或向下安装到终点，直至全部立管安装完。

③ 立管、支干管连接：采暖干管一般布置在离墙面较远处，需要通过干、立管间的连接短管使立管能沿墙边而下，少占建筑面积，还可减少干管膨胀对支管的影响，连接管的连接形式如图 2-15 及图 2-16 所示。

④ 立管与支管垂直交叉位置：当立管与支管垂直交叉时，立管应设半圆形抱弯绕过支管，具体做法如图 2-17 所示，加工尺寸见表 2-13。

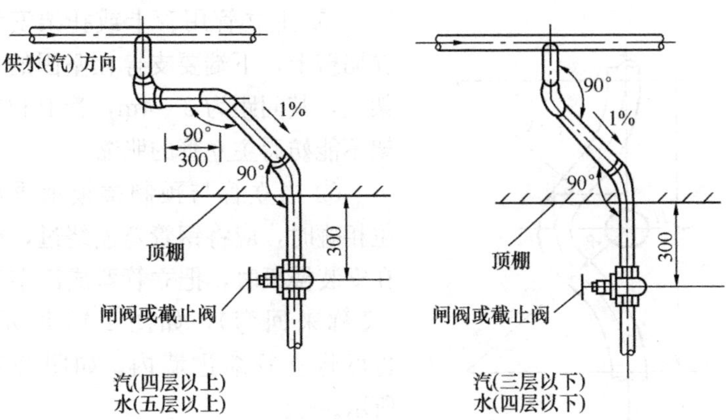


图 2-15　顶棚内立管与干管连接图

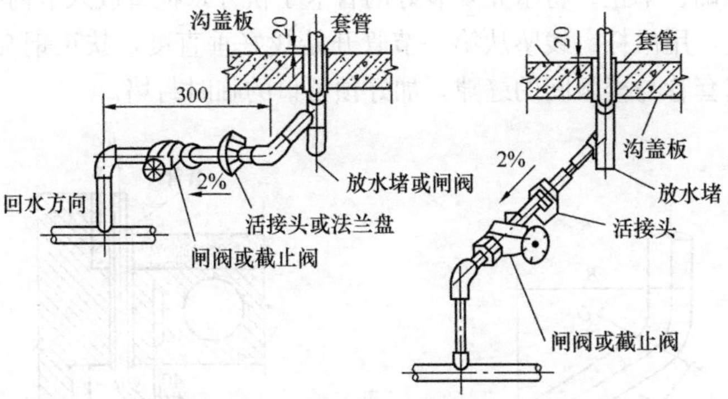


图 2-16　地沟内干管与立管连接形式

**抱弯尺寸表**　　表 2-13

| $DN$（mm） | $\alpha$（°） | $\alpha_1$（°） | $R$（mm） | $L$（mm） | $H$（mm） |
|---|---|---|---|---|---|
| 15 | 94 | 47 | 50 | 146 | 32 |
| 20 | 82 | 41 | 65 | 170 | 35 |
| 25 | 72 | 36 | 85 | 198 | 38 |
| 32 | 72 | 36 | 105 | 244 | 42 |

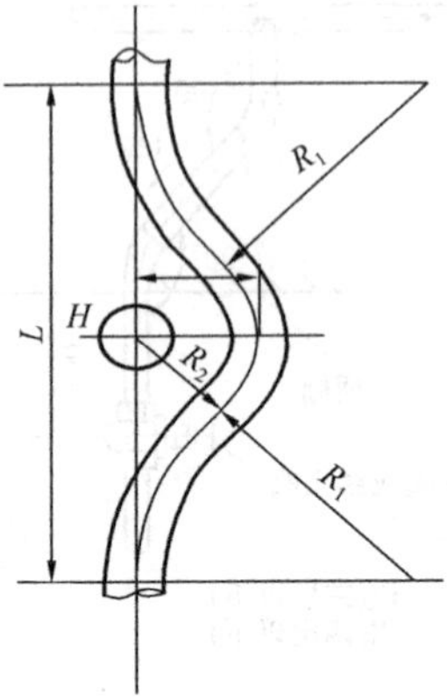


图 2-17　抱弯加工

⑤ 主立管用管卡或托架安装在墙壁上，下端要支撑在坚固的支架上，其间距为 3～4m，管卡和支架不能妨碍主立管的胀缩。

⑥ 当立管与预制楼板承重部位相碰时，应将钢管弯制绕过，或在安装楼板时，把立管弯成乙字弯（又称来回弯），如图 2-18 所示；也可将立管缩进墙内，如图 2-19 所示。

⑦ 立管固定：检查立管的每个预留口标高、方向、半圆弯等是否准确、平正。将事先安装好的管卡子松开，把管放入卡内拧紧螺栓，用吊杆、线坠从第一节管开始找好垂直度，扶正钢套管，填塞套管与楼板间的缝隙，加好预留口的临时封堵。

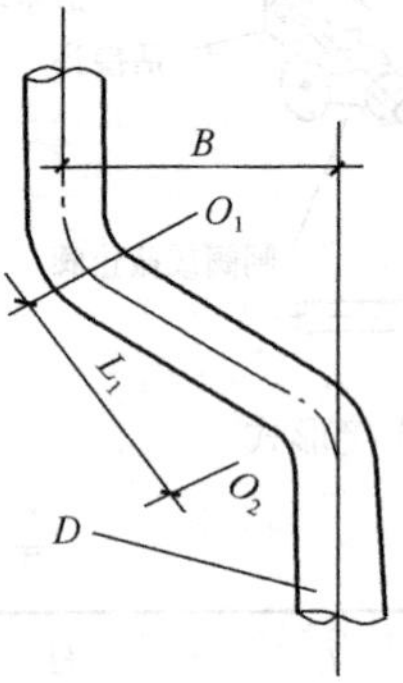


图 2-18　乙字弯图

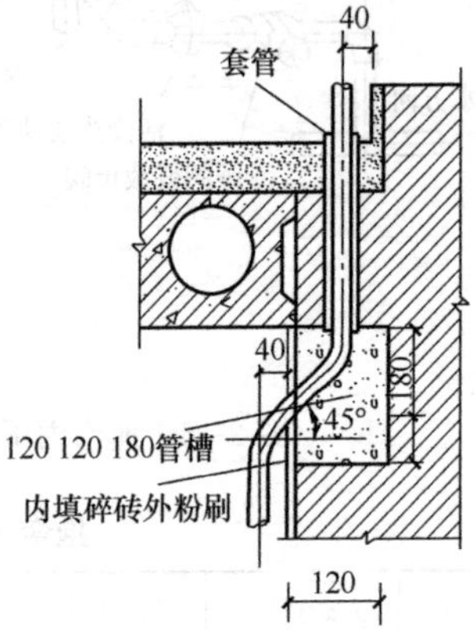


图 2-19　立管缩墙安装图

（5）支管安装

1）检查散热器安装位置及立管预留口是否正确，量出支管尺寸和灯叉弯的大小，支管与散热器连接如图 2-20 所示。

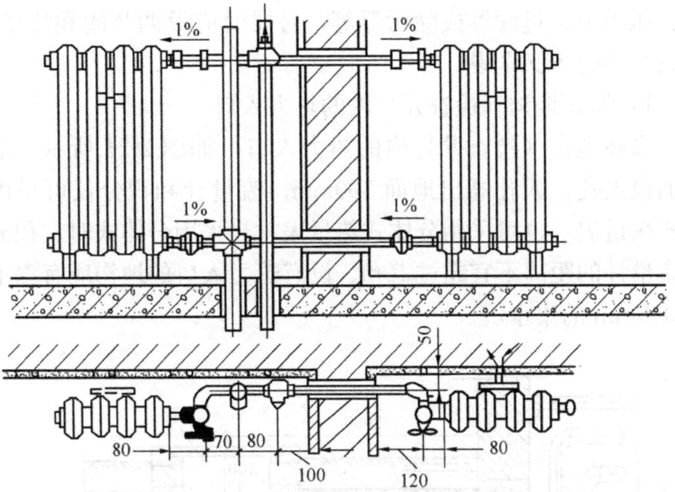


图 2-20 支管的安装

2）配支管：按量出支管的尺寸，减去灯叉弯的尺寸，然后断管、套丝。先将乙字弯两头抹铅油绕麻，装好治接或长丝跟母，连接散热器，然后用活接或长丝跟母与支管连接，最后把麻头清理干净。

3）为达到美观，明装或暗安装的散热器灯叉弯必须与炉片槽墙角相适应。

4）用钢尺、水平尺、线坠校对支管坡度和距墙尺寸，并复查立管及散热器有无移动。按设计或规定的压力进行系统试压及冲洗，合格后办理验收手续，并将水泄净。

5）立支管变径，不宜使用铸铁补芯，应使用变径管箍或焊接法。

（6）热水供暖系统热力入户安装（热水集中采暖分户热计量系统）

系统热力入口宜设在建筑物负荷对称分配的位置，一般在建筑物中部，铺设在用户的地下室或地沟内。入口处一般装有必要的仪表和设备，以进行调节、检测和统计供应热量，一般有温度计、压力表、过滤器或除污器等，必要时应设调节阀和流量计，但系统小时不必全设。

1）设在地沟（检查井）内的热力入口

设在地沟（检查井）内的热力入口，如图 2-21 所示，地沟应加设人孔，人孔高出地面 100mm。流量计和积分仪可采用整体式热量表，也可采用分体式热量表，当采用分体式时，积分仪与流量计的距离不宜超过 10m。设有热力入口的地沟应有深不小于 300mm 的集水坑。

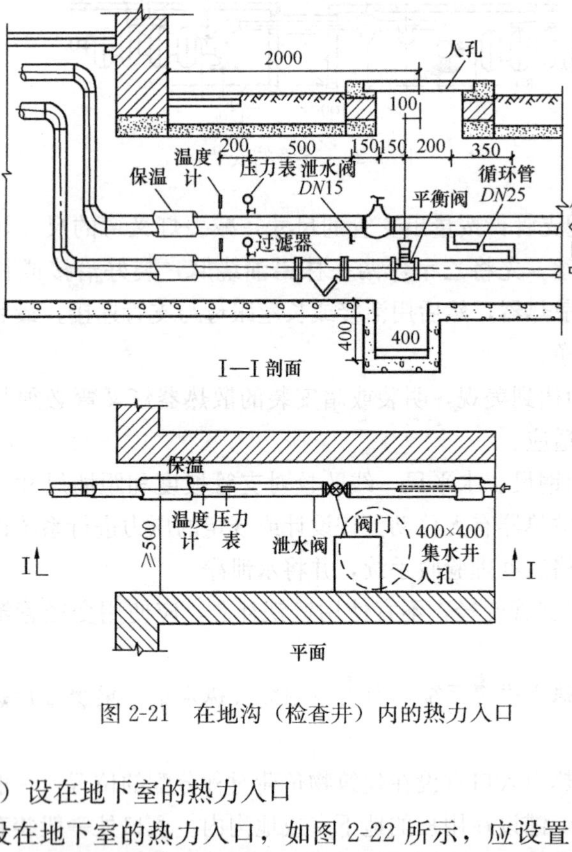


图 2-21　在地沟（检查井）内的热力入口

2）设在地下室的热力入口

设在地下室的热力入口，如图 2-22 所示，应设置可靠的支撑，地下室内应有良好的采光、足够的操作空间，供热管道穿越地下室外墙应加柔性防水套管。

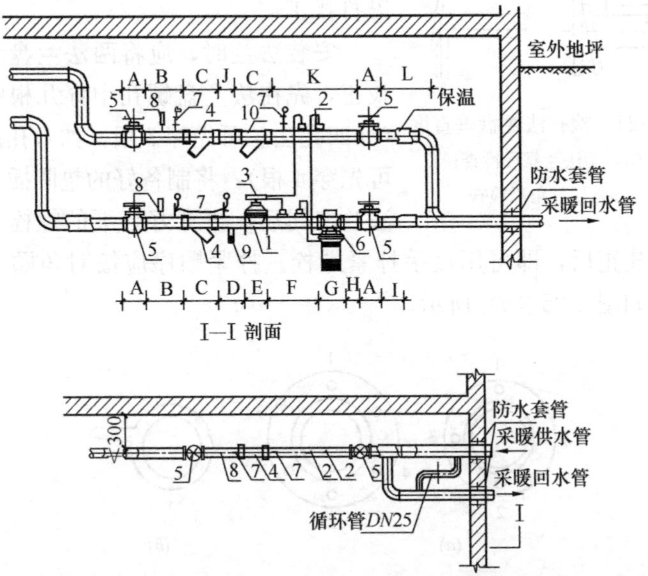


图 2-22　在地下室的热力入口

1—流量计；2—温度压力传感器；3—积分仪；4，10—水过滤器；5—截至阀；6—自力式压差控制阀；7—压力表；8—温度计；9—泄水阀

(7) 采暖附属设备安装

1) 法兰盘安装

管道压力为 0.25～1MPa 时，可采用普通焊接法兰，如图 2-23 (*a*) 所示；压力为 1.6～2.5MPa 时，应采用加强焊接法兰，如图 2-23 (*b*) 所示。加强焊接是在法兰端面靠近管孔周边开坡口焊接。焊接法兰时，必须使管子与法兰端面垂直，可用法兰靠尺度量，也可直角尺检查，如图 2-24 所示，检查时从相隔 90°的两个方向进行。定位焊后，需用靠

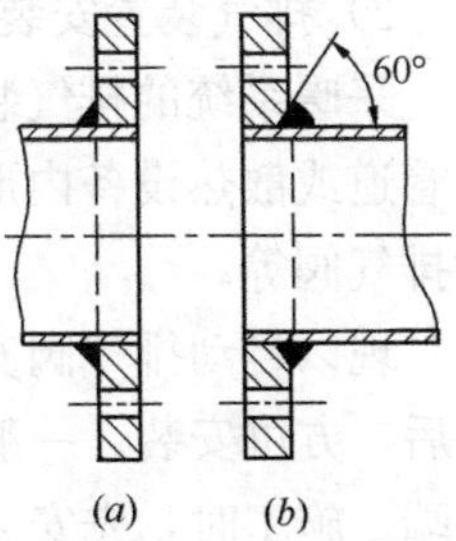


图 2-23　平焊法兰盘

(*a*) 普通焊接；(*b*) 加强焊接

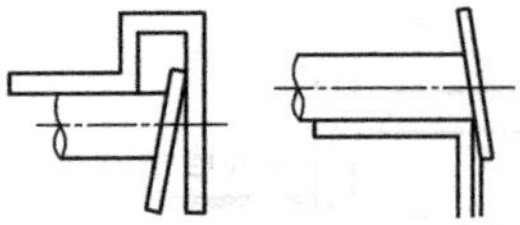

图 2-24　检查法兰盘垂直度
（a）用法兰靠尺检查；
（b）用直角尺检查

尺再次检查法兰盘的垂直度，用手锤敲打找正。

安装法兰时，应将两法兰盘对平找正，先在法兰盘螺孔中穿几根螺栓（如四孔法兰可先穿 3 根，如六孔法兰可先穿 4 根），将制备好的垫圈插入两法兰之间后，再穿好余下的螺栓。把垫圈找正后，即可用扳手拧紧螺栓。拧紧顺序应按对角顺序进行，如图 2-25（*a*）所示。

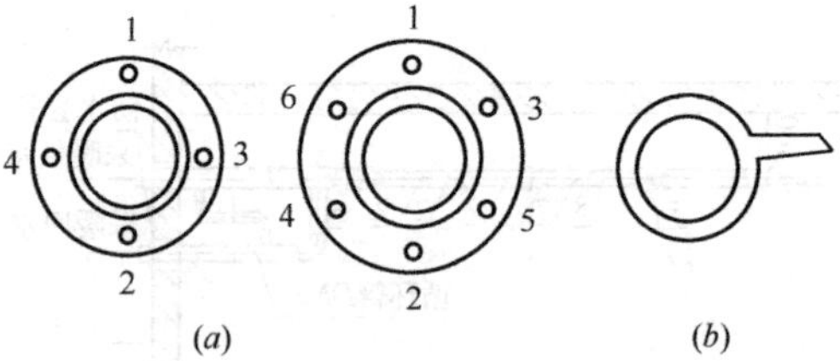


图 2-25　法兰螺栓拧紧顺序与带“柄”垫圈 1～6—顺序号
（*a*）螺栓拧紧顺序；（*b*）带“柄”垫圈

法兰垫圈带“柄”，如图 2-25（*b*）所示，“柄”可用于调整垫圈在法兰中间的位置，另外，也与不带“柄”的“死垫”相区别。

2）排气装置安装

采暖系统的排气装置是用以排气系统中积存的空气，以防止在管道或散热设备内形成空气阻塞。排气装置主要有集气罐和自动排气阀等。

现以自动排气阀安装为例说明，排气阀在系统试压和冲洗合格后，方可安装。一般设置在系统的最高点及每条干管的高点和终端。施工时，先安装自动止断阀，然后拧紧排气阀。

3）热量表安装

热量表由流量计、温度测量与计算部分组成，安装在集中供热的民用住宅或公用建筑中每个热用户的热水入口处，用于计量用户在采暖期间实际消耗的热量，提供按热量收费的依据。

①热报表组装：热量表组装时要求水平安装在进水管或出水管上，进口必须安装过滤器。选型时根据系统水流量，而不能根据管径。一般热量表管径比入户管径小。

②热量表安装：

A. 安装准备：安装前应对管道进行冲洗，并按要求设置托架。

B. 整体式热量表安装：整体式热量表的安装如图 2-26 所示，此外，还可将显示部分与主体部分分体安装，实现远程集中抄表。

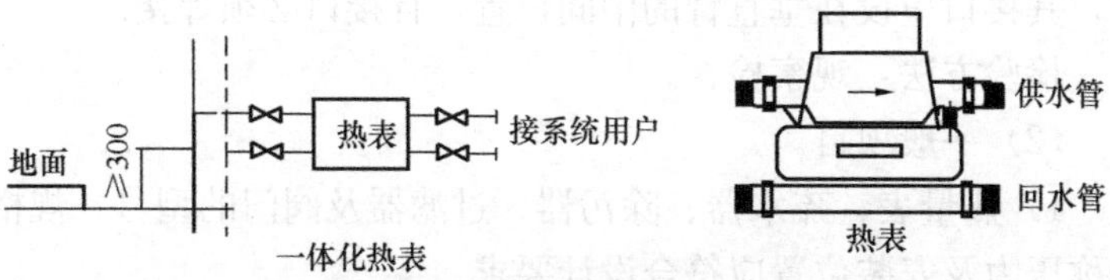


图 2-26　整体式热量表安装

### 3. 采暖管道及配件安装质量标准及允许偏差

室内采暖系统安装质量应遵照《建筑给水排水及采暖工程施工质量验收规范》GB 50242—2016 规定进行检查和验收。

（1）主控项目

1）管道安装坡度，当设计未注明时，应符合下列规定：

① 汽、水同向流动的热水采暖管道和汽、水同向流动的蒸汽管道及凝结水管道，坡度应为 3‰，不得小于 2‰。

② 汽、水逆向流动的热水采暖管道和汽、水逆向流动的蒸汽管道，坡度不应小于 5‰。

③ 散热器支管的坡度应为 1%，坡度应利于排气和泄水，检验方法：观察、水平尺、拉线，尺量检查。

2）补偿器的型号、安装位置、预拉伸和固定支架的构造及安装位置应符合设计要求。

检验方法：对照图纸、现场观察，并检查预拉伸记录。

3）平衡阀及调节阀型号、规格、公称压力及安装位置应符合设计要求。安装完后应根据系统平衡要求进行调试并做出标志。

检验方法对照图纸查验产品合格证，并现场查看。

4）蒸汽减压阀和管道及设备上安全阀的型号、规格、公称压力及安装位置应符合设计要求。安装完毕后应根据系统工作压力进行调试，并做出标志。

检验方法：对照图纸查验产品合格证及调试结果证明。

5）方形补偿器制作时，应用整根无缝钢管煨制，如需要接口，其接口应设在垂直臂的中间位置，且接口必须焊接。

检验方法：观察检查。

（2）一般项目

1）热量表、疏水器、除污器、过滤器及阀门的型号，规格，公称压力及安装位置应符合设计要求。

2）钢管管道焊口尺寸的允许偏差应符合相关规定。

3）采暖系统入口装置及分户热计量系统入户装置，应符合设计要求。安装位置应便于检修、维护和观察。

检验方法：现场观察。

4）散热器支管长度超过 1.5m 时，应在支管上安装管卡。

检验方法：尺量和观察检查。

5）上供下回式系统的热水干管变径应顶平偏心连接，蒸汽干管变径应底平偏心连接。

检验方法：观察检查。

6）在管道干管上焊接垂直和水平分支管时，干管开孔所产生的钢渣及管壁等废弃物不得残留管内，且分支管道在焊接时不得插入干管内。

检验方法：观察检查。

7）膨胀水箱的膨胀管及循环管上不得安装阀门。

检验方法：观察检查。

8）当采暖热媒为 110～130℃的高温水时，管道可拆卸件应使用法兰，不得使用长丝和活接头，法兰垫料应使用耐热橡胶板。

检验方法：观察检查。

9）焊接钢管管径大于 32mm 的管道转弯，在作为自然补偿时应使用煨弯。塑料管及复合管除必须使用直角弯头的场合外应使用管道直接弯曲转弯。

检验方法：观察检查。

10）管道、金属支架和设备的防腐和涂漆应附着良好，无脱皮、起泡、流淌和漏涂缺陷。

检验方法：观察检查。

采暖管道安装的允许偏差应符合表 2-14 的规定。

**管道和设备保温的允许偏差表　　　表 2-14**

| 项次 | 项目 | | 允许误差（mm） | 检验方法 |
|---|---|---|---|---|
| 1 | 厚度 | | $+0.1\delta$<br>$-0.05\delta$ | 用钢针刺入 |
| 2 | 表面平整度 | 卷材 | 5 | 用 2m 靠尺和楔形塞尺检查 |
| | | 涂抹 | 10 | |

采暖管道安装的允许偏差应符合表 2-15 的规定。

**采暖管道安装允许偏差表　　　表 2-15**

| 项次 | 项目 | | | 允许偏差 | 检验方法 |
|---|---|---|---|---|---|
| 1 | 横管道纵横方向弯曲(mm) | 每 1m | 管径≤100 | 1 | 用水平尺直尺拉线和尺量检查 |
| | | | 管径＞100 | 1.5 | |
| | | 全长（25m 以上） | 管径≯100 | ≯13 | |
| | | | 管径＞100 | ≯25 | |

续表

| 项次 | 项目 | | | 允许偏差 | 检验方法 |
|---|---|---|---|---|---|
| 2 | 立管垂直度（mm） | 每 1m | 管径≤100 | 2 | 吊线和尺量检查 |
| | | 全长（25m 以上） | 管径＞100 | ≯10 | |
| 3 | 弯管 | 椭圆率 $\frac{D_{max}-D_{min}}{D_{max}}$ | 管径≤100 | 10% | 用外卡钳和尺量检查 |
| | | | 管径＞100 | 8% | |
| | | 折皱不平度（mm） | 管径≤100 | 4 | |
| | | | 管径＞100 | 5 | |

注：$D_{max}$，$D_{min}$分别为管子最大外径及最小外径。

**4. 散热设备安装**

（1）散热器的种类

散热器是安装在供暖房间内的放热设备，它把热媒的部分热量通过器壁以传导、对流、辐射等方式传给室内空气，以补偿建筑物的热量损失，从而维持室内正常工作和学习所需温度。

散热器按材质分铸铁散热器、钢制散热器、铜铝复合散热器、钢铝复合散热器、铝合金散热器；按形状分为翼型、柱型、串片型、板型、扁管型、光管型等。

1）铸铁散热器

铸铁散热器是目前使用最多的散热器，根据形状可分为柱型及翼型，如图 2-27 所示。

柱型散热器：柱型散热器是柱状，主要有二柱、四柱、五柱等类型。柱形散热器传热系数高，外形美观，不易积灰，表面光滑容易清扫，易于组成所需的散热器面积。但金属热强度低，组片接口多，承压能力不如钢制散热器。柱形散热器广泛用于住宅和公共建筑中。

2）钢制散热器

钢制散热器主要有排管型，闭式钢串片，板式柱形和扁管型几大类，具有耐压强度高，外形美观整洁，金属耗量少，便于布置等优点，但易被腐蚀，使用寿命比铸铁散热器短。

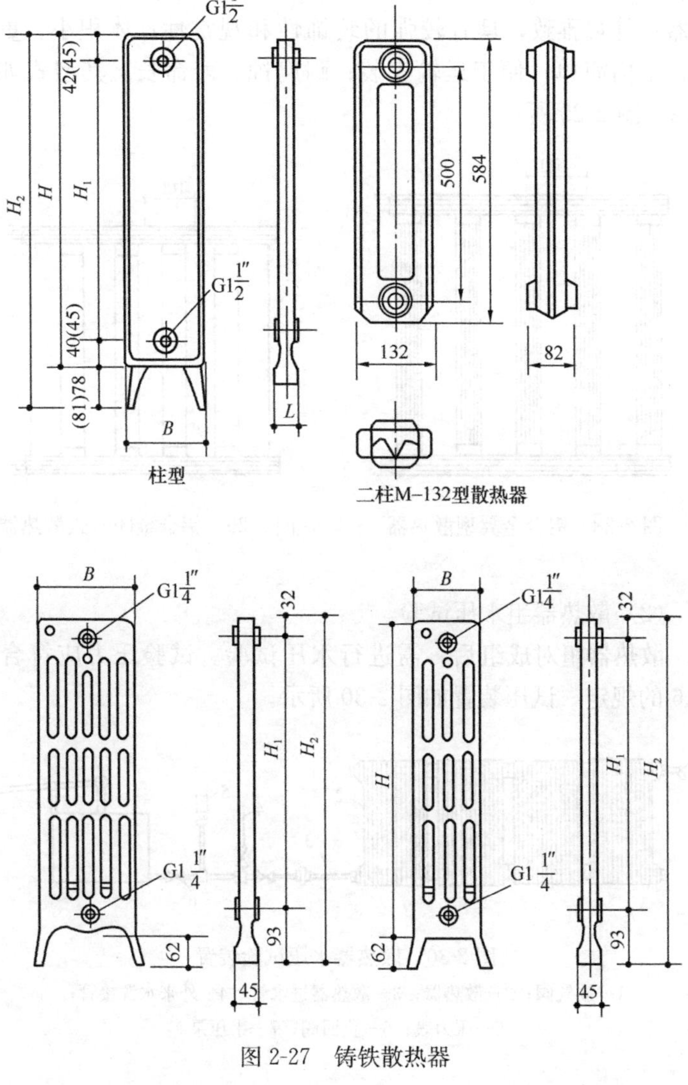


图 2-27 铸铁散热器

3）铝合金散热器

随着社会的进步与发展，人们对散热器的性能及美观程度提出了更高的要求。铝合金以其突出的优点，成为散热器更新换代的理想选择。其特点是：耐压、传热性能明显优于传统的铸铁散热器；外观雅致，具有较强的装饰性和观赏性；体积小、重量轻、结构简单，便于运输安装；耐腐蚀、寿命长。其型式如图 2-28、图 2-29 所示。

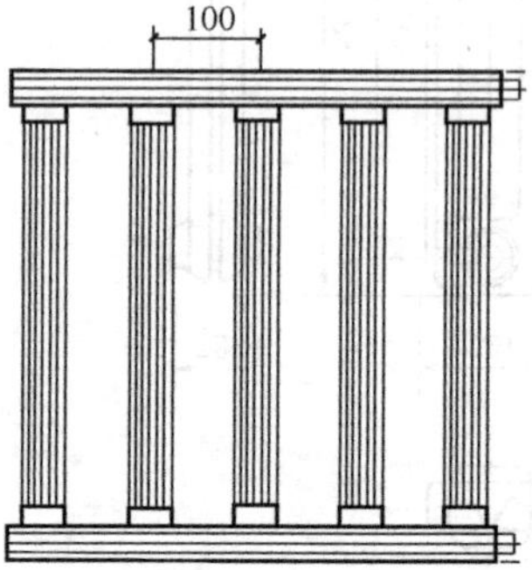


图 2-28　铝合金翼型散热器

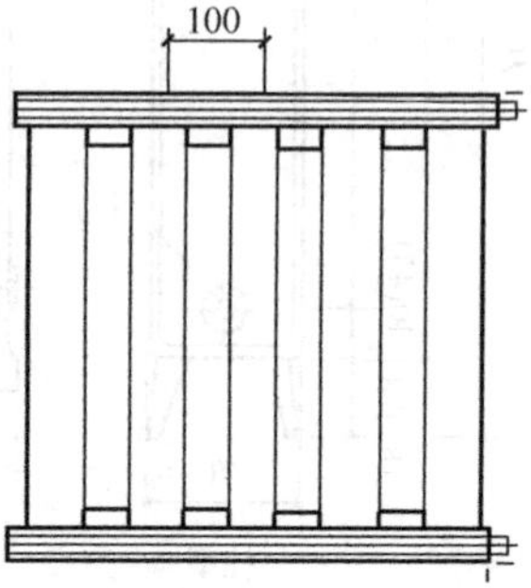


图 2-29　铝合金闭合式散热器

（2）散热器组水压试验

散热器组对成组后，需进行水压试验。试验压力应符合表 2-16 的规定，试压装置如图 2-30 所示。

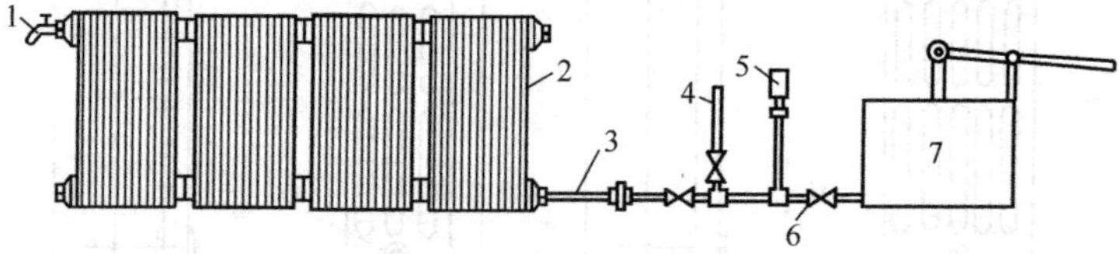


图 2-30　散热器水压试验装置

1—放气阀；2—散热器；3—散热器进水管；4—外来水源接管；5—压力表；6—止回阀；7—手压泵

1）连接试压装置

首先将散热器抬到试压台上，用管钳子上好临时丝堵和临补芯，并且上好放气阀，连接试压泵。

**散热器试验压力** **表 2-16**

| 散热器型号 | 60 型、M132 型、柱型、圆翼型 | | 扁管型 | | 板式 | 串片式 | |
|---|---|---|---|---|---|---|---|
| 工作压力 MPa | ≤0.25 | >0.25 | ≤0.25 | >0.25 | — | ≤0.25 | >0.25 |
| 试验压力 MPa | 0.4 | 0.6 | 0.6 | 0.8 | 0.4 | 0.4 | 0.4 |
| 要求 | 试验时间为 2～3min，不渗不漏为合格 | | | | | | |

2）充水升压

试压时打开进水阀门，往散热器内充水，同时打开放气气阀，并排净空气，待水满后关闭放气阀。启动水泵升压，升压到规定的压力值时，关闭进水阀门，持续 5min，观察每个接口是否有渗漏，以不渗漏为合格。

（3）散热器安装

1）画线、定位

根据设计图纸和标准图的规定，或由施工方案、技术交底确定安装位置和高度，在墙上画出散热器的安装中心线和标高控制线。

2）支架安装

散热器安装时采用的支架主要有托钩、固定卡、托架、落地架等，支架的数量和安装位置见表 2-17。

① 柱形带腿散热器固定卡安装：从地面到散热器总高的 3/4 画水平线，与散热器中心线交点画印记。此为 15 片以下的双数平散散热器的固定卡位置。单数片向一侧错过半片。16 片以上应栽两个固定卡，高度仍在散热器 3/4 高度的水平线上，从散热器两端各进去 4～6 片的地方栽入。

**支架、托架数量表** **表 2-17**

| 项次 | 散热器形式 | 安装方式 | 每组片数 | 上部托钩或卡架数 | 上部托钩或卡架数 | 合计 |
|---|---|---|---|---|---|---|
| 1 | 长翼型 | 挂墙 | 2～4 | 1 | 2 | 3 |
| | | | 5 | 2 | 2 | 4 |
| | | | 6 | 2 | 3 | 5 |
| | | | 7 | 2 | 4 | 6 |

续表

| 项次 | 散热器形式 | 安装方式 | 每组片数 | 上部托钩或卡架数 | 上部托钩或卡架数 | 合计 |
|---|---|---|---|---|---|---|
| 2 | 柱形柱翼型 | 挂墙 | 3～8 | 1 | 2 | 3 |
| | | | 9～12 | 1 | 3 | 4 |
| | | | 13～16 | 5 | 4 | 6 |
| | | | 17～20 | 5 | 5 | 7 |
| | | | 21～25 | 2 | 6 | 8 |
| 3 | 柱形柱翼型 | 带腿落地 | 3～8 | 1 | — | 1 |
| | | | 8～12 | 1 | — | 1 |
| | | | 13～16 | 2 | — | 2 |
| | | | 17～20 | 2 | — | 2 |
| | | | 21～25 | 2 | — | 2 |

注：① 轻质墙结构，散热器底部可用特制金属托架支撑。

② 安装带腿的柱型散热器，每组所需带腿片数为：14 片以下为 2 片；15～24 片为 3 片。

③ M132 型及柱型散热器下部为托钩，上部为卡架；长翼型散热器上下均为托钩。

② 挂装柱形散热器安装：托钩高度应按设计要求并从散热器的距地高度上返 45mm 画水平线。托钩水平位置采用画线尺来确定。画线尺横担上刻有散热片的刻度。画线时应根据片数及托钩数量分布的相应位置，画出托钩安装位置的中心线，挂装散热器的固定卡高度从托钩中心上返散热器总高的 3/4 画水平线，其位置与安装数量同带腿散热器安装。

用錾子或冲击钻等在墙上按画出的位置打孔洞，固定卡孔洞的深度不少于 80mm，托钩孔洞的深度不少于 120mm，现浇混凝土墙的深度为 100mm。

用水冲净洞内杂物，填入 M20 水泥砂浆到洞深的一半时，将固定卡托钩插入洞内，塞紧，先用画线尺或 $\phi70$ 管放在托钩上，再用水平尺找平找正，填满砂浆抹平。

③ 柱形散热器的固定卡及托钩按图 2-31 加工。

④ 托钩及固定卡的数量和位置按图 2-32 安装（方格代表炉片）。

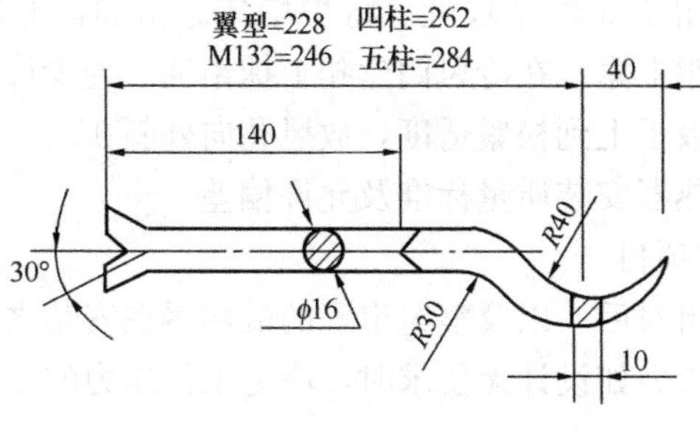


图 2-31　柱形散热器固定卡及托钩

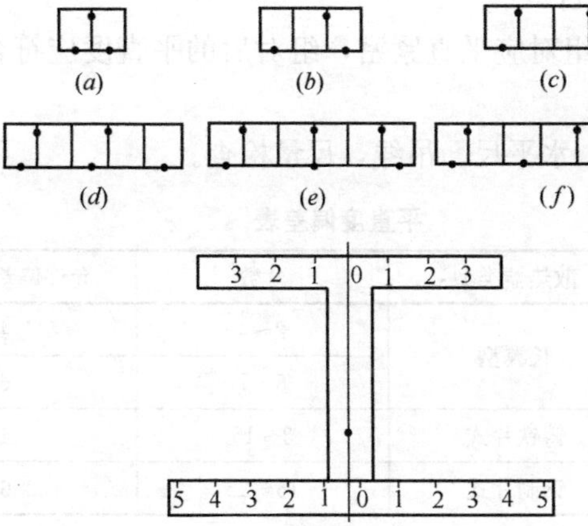


图 2-32　托钩及固定卡数量

3）散热器固定

散热器支、托架达到安装强度后方可安装散热器，一般散热器垂直安装，但圆翼型散热器应水平安装。抬散热器时必须轻抬轻放。为防止对丝断裂，对丝连接的散热器应立着搬运，带腿散热器安装不平稳时，可在腿下加垫铁找平，挂装散热器轻轻抬放在托钩上、扶正、立直后将固定卡摆正拧紧。

4）散热器放风门安装

按设计要求，将需冷风门的炉堵放在台钻上打 $\phi8.4$ 的孔。在台虎钳上用 1/8″丝锥攻丝。将炉堵抹好铅油，上好橡胶石棉垫，用管子钳上紧。在冷风门丝扣上抹铅油，缠少许麻丝，拧在炉堵上，用扳子上到松紧适度，放风孔向外斜 45°。

（4）散热器安装质量标准及允许偏差

1）主控项目

散热器组对后，以及整组出厂的散热器在安装之前应做水压试验。试验压力如设计无要求时，应为工作压力的 1.5 倍，但不小于 0.6MPa。

检验方法：试验时间为 2～3min，压力不降且不渗不漏。

2）一般项目

① 散热器组对应平直紧密，组对后的平直度应符合表 2-18 规定。

检验方法：水平尺、吊线，尺量检查。

**平直度偏差表** **表 2-18**

| 项次 | 散热器类型 | 片数 | 允许偏差（mm） |
|---|---|---|---|
| 1 | 长翼型 | 2～4 | 4 |
| | | 5～7 | 6 |
| 2 | 铸铁片式 | 3～15 | 4 |
| | 钢制片式 | 15～25 | 6 |

② 组对散热器的垫片应符合下列规定：

A. 组对散热器垫片应使用成品，组对后垫片外露不大于 1mm。

B. 散热器垫片材质当设计无要求时，应采用耐热橡胶。

检验方法：观察和尺量检查。

③ 散热器支架、托架安装，位置应准确，埋设牢固。散热器支架、托架数量，应符合设计或产品说明要求。如设计未注

明，则应符合表 2-17 的规定。

检验方法：现场清点检查。

④ 散热器背面与装饰后的墙内表面安装距离，应符合设计或产品说明要求。如设计未注明，应为 30mm。

检验方法：尺量检查。

⑤ 散热器安装允许偏差应符合表 2-19 的规定。

**散热器安装允许偏差** **表 2-19**

| 项次 | 项目 | 允许偏差（mm） | 检查方法 |
|---|---|---|---|
| 1 | 散热器背面与墙内表面距离 | 3 | 尺量 |
| 2 | 与窗中心或设计定位尺寸 | 20 | |
| 3 | 散热器垂直度 | 3 | 吊线和尺量 |

**5. 低温热水地板辐射采暖系统安装**

低温热水地板辐射采暖，是采用低于 60℃的低温水作为热源，通过直接埋入建筑地板内的加热盘管辐射散热达到室内要求的一种方便、灵活的采暖方式。

低温热水地板辐射采暖具有高效节能、舒适卫生、低温隔声、热稳定性好、不占使用面积等特点，近年来被广泛应用。实践证明，低温热水地辐射采暖也是便于按热分户控制、分户计量收费、节约能源的较好方案之一。

（1）系统的组成与形式

1）分户独立热源采暖系统

分户独立热源采暖系统主要由热源、供水管、过滤器、分水器、地板辐射管、集水器、膨胀水箱、回水管等组成，如图 2-33 所示。

2）集中热源的采暖系统

集中热源的采暖布置形式，同分户控制、分户计量的采暖系统相似，它由供水支管、除污器、热量表、分水器、地板辐射管、给水管、回水支管等组成，如图 2-34 所示。

（2）低温热水地板辐射采暖系统地板构造

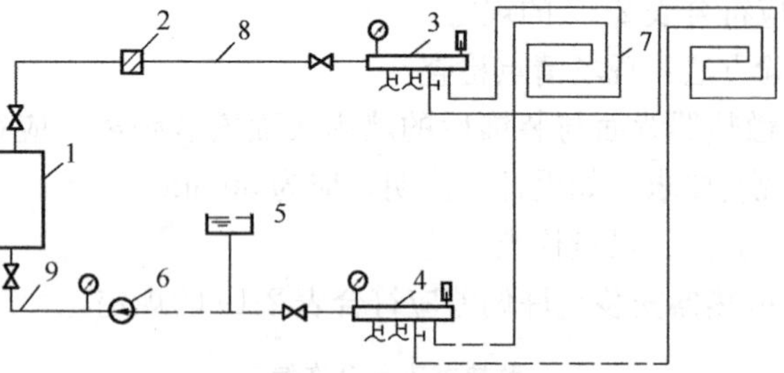


图 2-33　分户独立热源地板辐射采暖系统

1—锅炉；2—过滤器；3—分水器；4—集水器；5—膨胀水箱；
6—循环水泵；7—地板辐射管；8—供水管；9—回水管

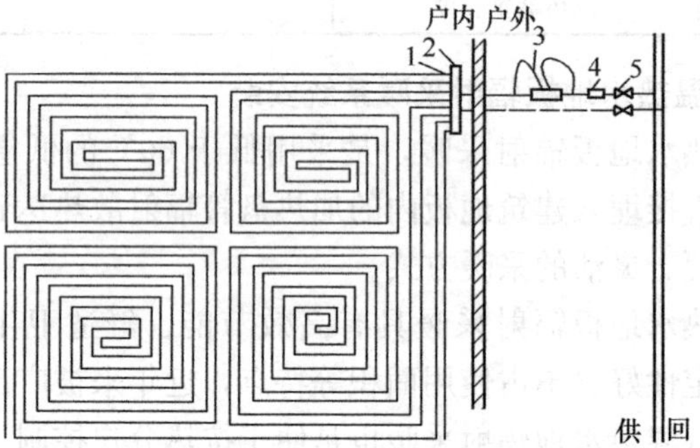


图 2-34　集中热源地板辐射采暖系统

1—远程传感温控阀；2—集、分水器；3—热量表；
4—除污器；5—锁闭阀

常见的低温热水地板辐射采暖系统地板构造种类如图 2-35 所示。

（3）低温热水地板辐射采暖系统排列成形式

1）地热管路平面布置图（如图 2-36 所示）

2）交联塑料管固定

交联塑料管铺设完毕，采用专用的塑料 U 型卡及卡针逐一将管子进行固定。U 型卡距及固定方式如图 2-35 所示。若没有钢筋网，则应安装在高出塑料管上皮 10～20mm 处。铺设前如

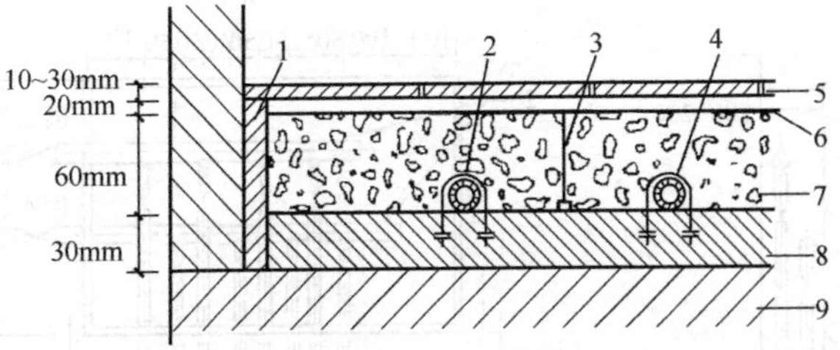


图 2-35　地板辐射采暖系统地板构造图

1—保温材料；2—塑料卡钉；3—膨胀带；4—塑料管；5—地板；6—垫层；7—豆石混凝土；8—聚苯板；9—结构层

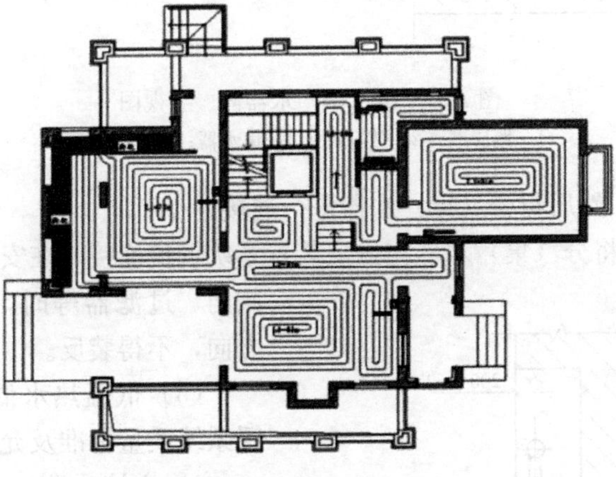

图 2-36　地热管路平面布置图

果规格尺寸不足整块，铺设时应将接头连接好，严禁踩在塑料管子上进行接头。

铺设在地板凹槽内的供回水干管，若设计选用交联塑料软管，施工结构要求与地热供暖相同。

（4）分（集）水器的安装

1）分（集）水器的安装时，分水器在上，集水器在下，中心距为 200mm，集水器中心距地面应不小于 300mm 并将其固定，如图 2-37、图 2-38 所示。

2）加热管始末端出地面至连接配件的管段，应设置在硬质

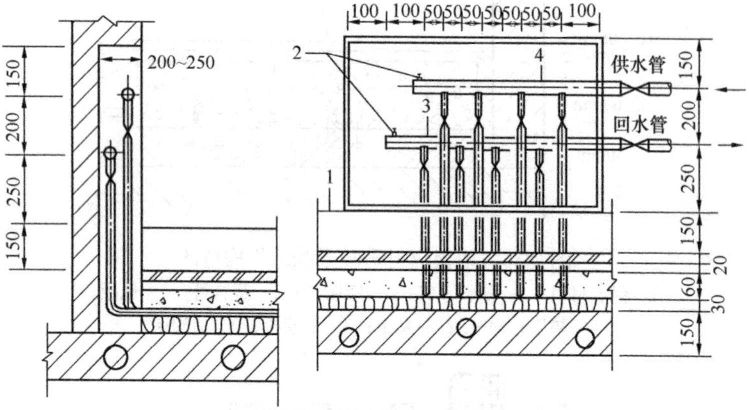


图 2-37　分（集）水器侧、主视图

1—踢脚线；2—放风阀；3—集水器；4—分水器

套管内，然后与分（集）水器进行连接。

3）将分（集）水器与进户装置系统管道连接。在安装仪表、阀门、过滤器等时，要注意方向，不得装反。

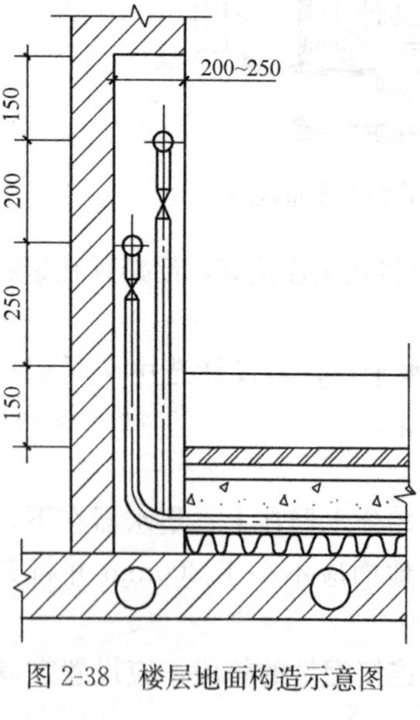


图 2-38　楼层地面构造示意图

（5）低温热水低辐射采暖系统质量标准及允许偏差

1）主控项目

① 地面下敷设的盘管埋地部分不应有接头。

检验方法：隐蔽前现场查看。

② 盘管隐蔽前必须进行水压试验，试验压力为工作压力的 1.5 倍，但不小于 0.6MPa。

检验方法：稳压 1h 内压力降不大于 0.05MPa，且不渗不漏。

③ 加热盘管弯曲部分不得出现硬折弯现象，曲率半径应符合下列规定：

塑料管：不应小于管道外径的 8 倍。

复合管：不应小于管道外径的 5 倍。

检验方法：尺量检查。

2）一般项目

① 分（集）水器型号、规格、公称压力及安装位置、高度等应符合设计要求。

检验方法：对照图纸及产品说明书，尺量检查。

② 加热盘管管径、间距和长度应符合设计要求，间距偏差不大于±10mm。

检验方法：拉线和尺量检查。

③ 防潮层、防水层、隔热层及伸缩缝应符合设计要求。

检验方法：填充层浇灌前观察检查。

④ 填充层强度标号应符合设计要求。

检验方法：做试块抗压实验。

**6. 室内采暖系统试压、冲洗、试运行**

（1）采暖系统试压

室内采暖系统的试压是在管道和散热设备及附属设备全部连接安装完毕后，室内采暖管道用实验压力 $P_S$ 做强度实验，以系统工作压力 $P$ 做严密性试验，其实验压力要符合表 2-20 的规定，系统工作压力按循环水泵扬程确定，试验压力由设计确定，以不超过散热器承压能力为原则。在高层建筑实验时，当底部散热器所受的静水压力超过其承受能力时，则应分层进行。

**室内采暖系统水压试验的试验压力**（单位 MPa）　　**表 2-20**

| 管道类别 | 工作压力 $P$ | 试验压力 $P_S$ | |
|---|---|---|---|
| | | $P_S$ | 同时要求 |
| 低压蒸汽管道 | | 顶点工作压力的 2 倍 | 底部压力不小于 0.25 |

续表

| 管道类别 | 工作压力 $P$ | 试验压力 $P_S$ | |
|---|---|---|---|
| | | $P_S$ | 同时要求 |
| 低温水及高压蒸汽管道 | 小于 0.43 | 顶点工作压力+0.1 | |
| 高温水管道 | 小于 0.43 | $2P$ | |
| | 0.43～0.71 | $1.3P+0.3$ | |

1）水压试验管路连接

① 根据水源的位置和工程系统情况，制定出试压程序和技术措施，再测出各连接管的尺寸，标注在连接图上。

② 断管、套丝、上管件及阀门，准备接管路。

③ 一般选择在系统进户入口供水管的甩头出，连接至加压泵的管路。

2）灌水前的检查

① 检查全系统管路、设备、阀件、固定支架、套管等，必须安装无误。各类连接处均无遗漏。

② 根据全系统试压或分系统试压的实际情况，检查系统上各类阀门的开、关状态，不得漏检。试压管道阀门全打开，试验管段与非试验管段连接处应予隔断。

③ 检查试压用的压力表灵敏度。

④ 水压试验系统中阀门都处于全关闭状态。待试压中需要开启再打开。

3）水压试压

① 打开水压试验管路中的阀门，开始向供暖系统注水。

② 开启系统上各高处的排气阀，使管路及供暖设备里的空气排尽。待水灌满后，关闭排气阀和进水阀，停止向系统注水。

③ 打开连接加压泵的阀门，用电动加压泵或手动加压泵通过管路向系统加压，同时拧开压力表上的旋塞阀，观察压力逐渐升高的情况，一般分 2～3 次升至试验压力。在此过程中，每加至一定数值时，应停下来对管道进行全面检查，无异常现象方可

继续加压。

④ 工作压力大于0.07MPa（表压力）的蒸汽采暖系统，应以系统顶点工作压力的2倍做水压试验，在系统低点，不得小于0.25MPa的表压力。热水供暖或工作压力超过0.07MPa的蒸汽供暖系统，应以系统顶点工作压力加上0.1MPa做水压试验。同时，在系统顶点的试验压力不得小于0.3MPa表压力。

⑤ 高层建筑其系统低点如果大于散热器所能承受的最大试验压力，则应分层进行水压试验。

⑥ 试压过程中，用试验压力对管道进行预先试压，其延续时间应不少于10min。然后将压力降至工作压力。进行全面外观检查，在检查过程中，为便于返修，对漏水或渗水的接口做上记号。在5min内压力降不大于0.02MPa为合格。

⑦ 系统试压达到合格验收标准后，放掉管道内的全部存水。不合格时应待补修后，再次按前述方法二次试压。

⑧ 拆除试压连接管路，将入口处供水管用盲板临时封堵严实。

(2) 采暖管道清洗

1) 装备工作

① 对照图纸，根据管道系统情况，确定管道分段吹洗方案，对暂不吹洗管段，通过分管线阀门将之关闭。

② 不允许吹扫的附件，如孔板、调节器、过滤器等，应暂时拆下以短管代替；对减压阀、疏水器等，为防止污物堵塞，应关闭进水阀，打开旁通阀，使其不参与清洗。

③ 不允许吹扫的设备和管道，应暂时用盲板隔开。

④ 吹扫口的设置。气体吹扫时，吹扫口一般设置在阀门前，以保证污物不进入关闭的阀体内。水清洗时，清洗口设于系统各低点泄水阀处。

2) 管道清洗要点

管道清洗一般按总管→干管→立管→支管的顺序依次进行。当支管数量较多时，可视具体情况，关断某些支管逐根进行清洗，也可数根支管同时清洗。

确定管道清洗方案时，应考虑所有需要清洗的管道都能清洗到位，不留死角。清洗介质应具有足够的流量和压力，以保证冲洗速度，管道固定应牢固，排放应安全可靠。可用小锤敲击管子，特别是焊接口和转角处以增加清洗效果。

清（吹）洗合格后，应及时填写清洗记录，封闭排放口，并将拆卸的仪表及阀件复位。

① 水清洗

A. 采暖系统在使用前，应用水进行冲洗。

B. 冲洗水选用饮用水或工业用水。

C. 冲洗前，应将管道系统内的流量孔板、温度计、压力表、调节阀芯、止回阀芯等拆除，待清洗后再重新装上。

D. 冲洗时，以系统可能达到的最大压力和流量进行，并保证冲洗水的流速不小于 1.5m/s。冲洗应连续进行，直到排出口处水的色度和透明度与入口相同且无粒状物为合格。

② 蒸汽管道吹洗

蒸汽管道试压结束后，在冲洗段的末端与管道垂直升高处设置冲洗口，冲洗口用钢管焊接在蒸汽管道下侧，并装设阀门。吹洗前应加热管道，缓缓开启蒸汽总阀，蒸汽流量和压力增加不得过快，否则，产生管道强度不能承受的温度压力，使管道遭受破坏。加热开始时，有大量凝结水从冲洗口排出，以后逐渐减少，为减少蒸汽用量，此时可关小出口阀门。当冲洗段末端的蒸汽温度接近开始段蒸汽温度时，则加热完毕。冲洗时先将各冲洗口的阀门打开，然后逐渐打开总进气阀，增加蒸汽流量进行冲洗。吹洗次数为 1～2 次。每次冲洗时间约为 20min。当冲洗口排出的蒸汽完全清洁时，才能停止冲洗。冲洗后拆除冲洗管及排气管，将水放净。

（3）通暖试运行

1）准备工作

① 对采暖系统进行全面检查，如工程项目是否全部完成，

且工程质量是否达到合格；各组成部分的设备、管道及其附件、热工测量仪表等是否完整无缺；各组成部分是否处于运行状态。

② 系统运行前，应制订可行性试运行方案，且要有统一指挥，明确分工，并对参与运行人员进行技术交底。

③ 根据试运行方案，做好试运行前的材料、机具和人员准备工作，水源、电源应能保证运行，通暖一般在冬季进行，对气温突变影响，要有充分的估计，加之系统在不断升压，升温条件下，可能发生的突然事故，均应有可行的应急措施。

④ 冬季气温低于－3℃时，系统通暖应采取必要的防冻措施，如封闭门窗及洞口；设置临时性取暖措施，使室温保持在＋5℃左右；提高供、回水温度等。监视各手动装置，一旦满水，应有专人专负责关闭。

⑤ 试运行的组织工作。在通暖试运行时，锅炉房内，各用户入口处应有专人操作与监控，室内采暖系统应分环路或分片包干负责。在试运行进入正常状态前，工作人员不得擅离岗位，且应不断巡视，发现问题应及时报告并迅速抢修，在高层建筑通暖时，应配置必要的通信设备，以便加强联系，统一指挥。

2）通暖运行

① 对于系统较大、分支路较多并且管道复杂的采暖系统，应分系统通暖，通暖时应将其他支点的控制阀门关闭，打开放气阀。

② 检查通暖支路或系统的阀门是否打开，若试暖人员少可分立管试暖。

③ 打开总入口处的回水管阀门，将外网的回水进入系统，以便系统的排气，待排气阀满水后，关闭放气阀，打开总入口的供水管阀门，使热水在系统内形成循环，检查有无漏水处。

④ 冬季通暖时，刚开始应将阀开小些，进水速度慢些，防止管子骤热而产生裂纹，管子预热后再开大阀门。

⑤ 如果散热器接头处漏水，可关闭立管阀门，待通暖后再行修理。

3）通暖后调试

通暖后调试是使每个房间达到设计温度，对系统远近的各个环路应达到阻力平衡，即每个小环路冷热度均匀，如最近的环路过热，末端环路不热，可用立管阀门进行调整。在调试过程中，应测试热力入口处热媒温度及压力是否符合设计要求。

## （三）自动喷水灭火系统

### 1. 自动喷水灭火系统的组成

自动喷水灭火系统组成如图 2-39、图 2-40 所示，由水源、消防水池、喷淋消防泵、室外喷淋水泵接合器、报警装置、管网、喷头、末端试水装置等组成。根据喷头的常开、常闭形式和管网充水与否分湿式、干式、预作用及雨淋等自动喷水灭火系统。这其中，日常生活中最常见的是湿式自动喷水灭火系统，该系统管网中平时充满有压水，当建筑物发生火灾，火点温度达到开启闭式喷头时喷头出水灭火，该系统适用于环境温度 4℃＜$t$＜70℃的建筑物。

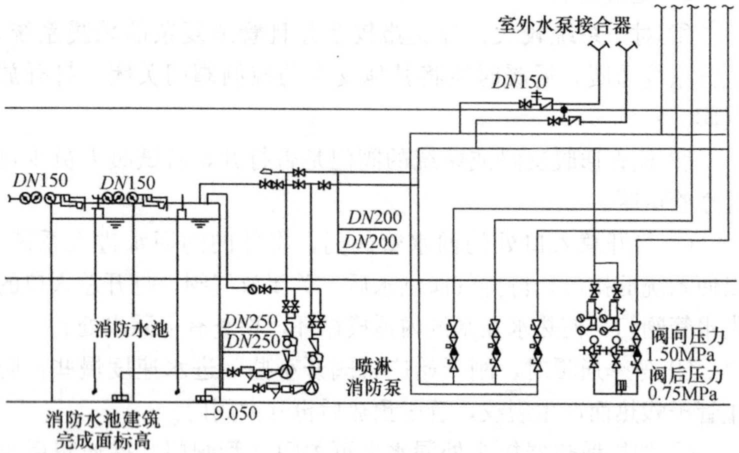


图 2-39　自动喷水灭火设备部分图

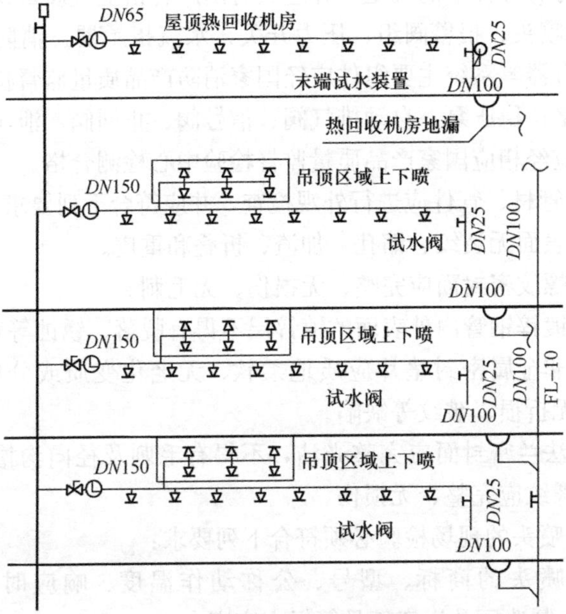


图 2-40　自动喷水灭火管网部分图

**2. 自动喷水灭火系统管道及附件的安装**

(1) 施工前的准备

自动喷水灭火系统施工应具备以下条件：

1) 全套的自动喷水灭火系统施工图及有关技术文件齐全。

2) 土建工程应能满足安装工程的需求。

3) 设计单位已向施工单位交底。

4) 系统施工过程中，系统组件、管配件及其他设备、材料等，应能保证正常施工且能连续供应。

5) 施工现场要做到三通一平（水通、路通、电通，施工场地平整)。

(2) 安装前的检查、检验

1) 系统组件、管件及其他设备、材料，应符合设计要求和国家现行有关标准的规定，并应具有出厂合格证或质量认证书。

2）喷头、报警阀组、压力开关、水流指示器、消防水泵及水泵接合器等系统主要组件应经国家消防产品质量监督检验中心检测合格；稳压泵、自动排气阀、信号阀、止回阀、泄压阀及减压阀等应经相应国家产品质量监督检验中心检测合格。

3）管材、管件应进行外观检查，并应符合下列要求：

① 表面无裂纹、缩孔、加渣、折叠和重皮。

② 螺纹密封面应完整、无损伤、无毛刺。

③ 镀锌钢管内外表面的镀锌层不得有脱落、锈蚀等现象。

④ 非金属密封垫片应质地柔软、无老化变质或分层现象，表面应无折损、皱纹等缺陷。

⑤ 法兰密封面应完整光洁，不得有毛刺及径向沟槽；螺纹法兰的螺纹应完整、无损伤。

4）喷头的现场检验必须符合下列要求：

① 喷头的商标、型号、公称动作温度、响应时间指数（RTI）、制造厂及生产年月等标志应齐全。

② 喷头的型号、规格应符合设计要求。

③ 喷头外观应无加工缺陷和机械损伤。

④ 喷头螺纹密封面应无伤痕、毛刺、缺丝或断丝的现象。

⑤ 闭式喷头应进行密封性能试验，以无渗漏、无伤损为合格。

试验数量应从每批中抽查1%，并不得少于5只，试验压力应为3.0MPa，保压时间不得少于3min。当2只及以上不合格时，不得使用该批喷头。当仅有1只不合格时，应再抽查2%，并不得少于10只，并重新进行密封性能试验；当仍有不合格时，亦不得使用该批喷头。

5）阀门及其附件的检验应符合以下要求：

① 阀门的型号、规格应符合设计要求。

② 阀门及其附件应配备齐全，不得有加工缺陷和机械损伤。

③ 报警阀除应有商标、型号、规格等标志外，尚应有水流

方向的永久性标志。

④ 报警阀和控制阀的阀瓣及操作机构应动作灵活，无卡涩现象；阀体内应清洁、无异物堵塞。

⑤ 水力警铃的铃锤应转动灵活，无阻滞现象。

⑥ 报警阀应逐个进行渗漏性试验。试验压力应为额定工作压力的2倍，保压时间为5min，阀瓣处不渗不漏为合格。

6）压力开关、水流指示器、自动排气阀、减压阀、止回阀、信号阀与水泵接合器等设备及水位、气压与阀门限位等自动监测装置应有清晰的铭牌、安全操作指示标志和产品说明书；水流指示器、水泵接合器、减压阀与止回阀尚应有水流方向的永久性标志；安装前应逐个进行主要功能检查，不合格者不得使用。

（3）管道安装

1）施工工艺流程

室内消防管道安装程序：支架安装→供水管安装→报警控制阀安装→配水立管安装→分层配水干管、支管安装→消防水泵、水箱、水泵接合器安装→管道试压、冲洗喷头短管安装→水流指示器、节流装置安装→报警阀组件、喷头安装→系统调试。

2）支架制作安装

① 按支架的规定间距和位置确定加工数量。此外，自动喷水灭火系统支架位置与喷头距离不得小于300mm，其末端喷头的间距不得小于750mm，在喷头之间每段喷水管上至少装一个固定支架，当喷头间距小于1.8m时，可隔断设置，支架间距不大于3.6m。

② 在消防配水干管、立管、干支管及支管部位，应安装防晃支架，以防止喷头喷水时产生大幅度晃动。

③ 防晃支架设置要求：在配水管中点设一个；配水干管及配水管、支管（$L>5$m，$D\geqslant50$mm）至少设一个；竖直安装的配水干管宜在终、始端设置各一个；高层建筑每隔一层距地面1.5～1.8m处宜安装防晃支架。

3）管道安装

① 自动喷水灭火管道采用镀锌钢管、镀锌无缝钢管，管径≤$DN100$ 管道接口为螺纹连接，管径＞$DN100$ 管道应采用法兰连接。若设计要求消防管道采用镀锌无缝钢管法兰连接时，宜采用二次安装法。即在管段上装配碳钢平焊法兰，将组装管段进行预安装并进行逐段编号标志，拆除后送镀锌厂进行热浸镀锌工艺处理，载运至现场进行二次安装。

② 当管道变径时，宜采用镀锌异径管，在弯头处不得使用补芯。当需要采用补芯时三通上最多用一个，四通上不得超过两个。

③ 自动喷水和水幕消防系统管道应敷设管道坡度。充水系统的管道坡度不小于 0.002，充气系统和分支管的管道坡度应大于 0.004。

④ 管道穿越墙体或楼板应设套管。

⑤ 管道中心距梁、柱与顶棚等最小距离应符合表 2-21 规定。

**管道中心距梁、柱与顶棚等最小距离**（单位：mm）　**表 2-21**

| 公称直径 | 25 | 32 | 40 | 50 | 70 | 80 | 100 | 125 | 150 |
|---|---|---|---|---|---|---|---|---|---|
| 距离 | 40 | 40 | 50 | 60 | 70 | 80 | 100 | 125 | 150 |

（4）附件安装

1）消防水泵和稳压泵安装

消防水泵和稳压泵的安装应符合以下要求：

① 消防水泵和稳压泵的安装应符合现行国家标准的有关规定。

② 消防水泵和稳压泵的规格、型号应符合设计要求，并应有产品合格证和安装使用说明书。

③ 消防水泵的出水管上应安装止回阀、控制阀和压力表，并应安装检查和试水用的放水阀门。试水阀的规格不小于 65mm，应安装在止回阀之前（按水流方向，这时出水为水泵出水，而不指示水箱出水的情况）；消防水泵泵组的总出水管上还应安装压力表和泄水阀；压力表安装时应加设缓冲装置。压力表和缓冲装置之

间应安装旋塞；压力表量程应为工作压力的 2.0～2.5 倍。

④ 吸水管及其附件的安装应符合下列要求：

A. 消防泵泄水管上的控制阀应在消防水泵固定在基础上之后再进行安装，其直径不应小于消防水泵吸水口直径；且不应采用没有可靠锁定装置的蝶阀。

B. 当消防水泵和消防水池位于独立的两个基础上且相互为刚性连接时，吸水管上应加设柔性连接管。

C. 吸水管水平管段上不应有气囊和漏气现象。变径时应采用偏心异径管径，消防泵吸入管偏心变径管的安装如图 2-41 所示。

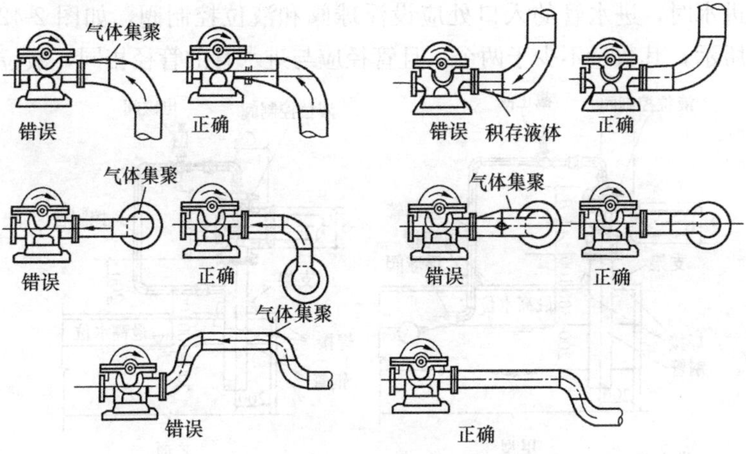


图 2-41　泵的吸入口偏心变径管的安装

D. 消防系统的供水泵、稳压泵应采用自灌式吸水方式。采用天然水源时，水泵的吸水管上应采取防止杂物堵塞的措施（通常是加设过滤器）。

E. 每组供水泵的吸水管不应少于 2 根。报警阀入口前设置环状的管道系统，每组供水泵的出水管不应少于 2 根。供水泵的吸水管应设控制阀，控制阀宜采用闸阀，不得采用没有可靠锁定装置的蝶阀。

2）消防水箱安装和消防水池施工

① 消防水池、消防水箱如用混凝土或钢筋混凝土制作时，水池、水箱的安装应符合现行国家标准的有关规定。

② 消防水箱的容积、安装位置应符合设计要求。安装时，消防水箱间的主要通道宽度不应小于1.0m；钢板消防水箱四周应设检修通道，其宽度不小于0.7m；消防水箱顶部至楼板或梁底的距离不得小于0.6m。钢板水箱不得直接坐落在地面上，宜采用支座支承水箱，水箱下有管道敷设时，箱底与水箱间地板的净距不宜小于0.8m。

③ 消防水箱的进水管。消防水箱的进水管当利用管网压力进水时，进水管的入口处应设浮球阀和液位控制阀，如图2-42所示，其数量不少于两个，且管径应与进水管的管径相同，液位

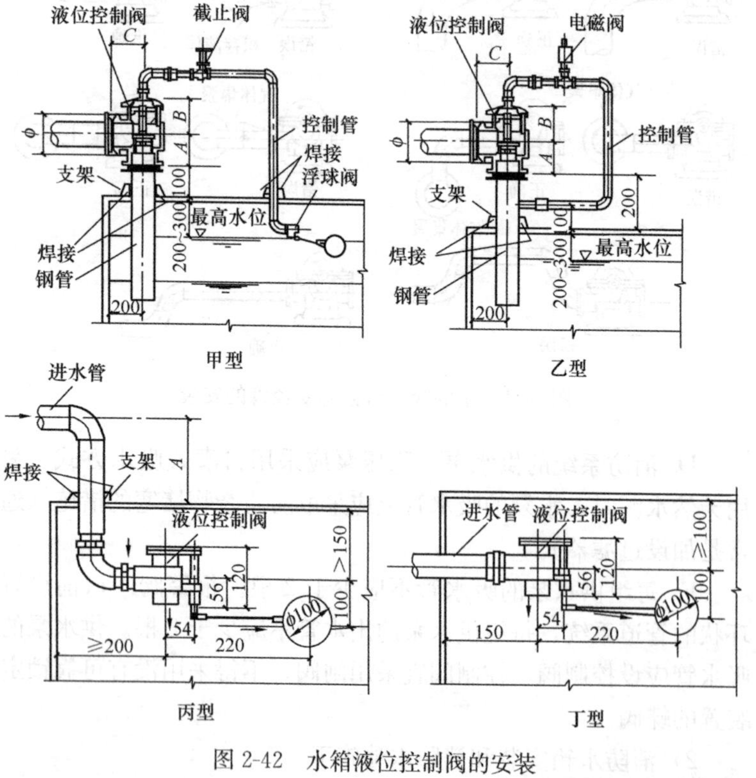


图2-42 水箱液位控制阀的安装

控制阀前应装设阀门和过滤器，以便检修。

消防水箱进水管的管口和水箱溢流水位之间应有空气隔断，隔断间距应大于等于2.5倍管外径，但最小不得小于25mm，最大不大于150mm，一般为100mm。

④ 消防水箱出水管。消防水箱出水管与消防系统相连，在出水管上应加设止回阀。除串连消防给水系统外，发生火灾后消防泵供给的消防用水不应进入高位消防水箱。这主要是考虑消防灭火时消防用水经消防水箱再流入消防管网，不能保证消防设备的水压，影响消防设备作用的发挥，还延误了灭火时间。

⑤ 溢流管宜采用水平喇叭口集水；喇叭口下的垂直管段不宜小于4倍溢流管径。溢流管的管径，应按能排泄水箱的最大入流量确定，并应比进水管规格大一级。溢水管的出口处应加设网罩，并采用间接排水或断流排水的方式（即溢流管不得与生产或生活用的排水系统直接相连）。溢流管上不得加设阀门。

⑥ 管道穿过钢筋混凝土消防水箱或消防水池时，应加设防水套管；对有振动的管道尚应加设柔性接头。进水管和出水管的接头与钢板消防水箱的连接应采用焊接，焊接后应作防腐处理。

3）水泵接合器的安装

水泵接合器是消防车或机动泵给室内消防管网供水的连接口。其作用是在室内消防水泵发生故障或室内消防用水不足时，消防车从室外消火栓取水，通过水泵接合器将水送至室内消防给水网，供灭火设施使用。水泵接合器用于消火栓灭火系统和自动喷水灭火系统，其安装形式分地上式、地下式及墙壁式三种。

水泵接合器的设置数量，应按室内消防用水量确定。每个水泵接合器的流量，应按10～15L/s计算。当计算出来的水泵接合器数量少于2个时，仍应采用2个，以确保安全。当建筑高度小于50m，每层面积小于500$m^2$的普通住宅，在采用2个水泵接合器有困难时，也可采用一个。

水泵接合器已有标准定型产品，其接出口直径有65mm和80mm两种。

水泵接合器与室内管网连接处，应有闸阀、止回阀、安全阀等。安全阀的定压一般可高出室内最不利点消火栓要求的压力0.2～0.4MPa。

水泵接合器应设在便于消防车使用的地点，其周围15～40m范围内应设室外消火栓、消防水池，或有可靠的天然水源。

4）湿式报警阀组的安装

湿式报警阀组是一种当火灾发生时能迅速启动消防设备进行灭火，并发出报警信号的设备，如图2-43所示。

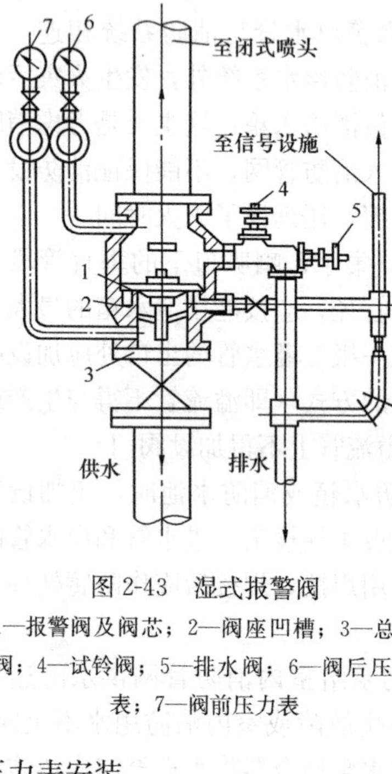


图2-43　湿式报警阀

1—报警阀及阀芯；2—阀座凹槽；3—总闸阀；4—试铃阀；5—排水阀；6—阀后压力表；7—阀前压力表

① 湿式报警阀组的安装顺序

水源蝶阀安装→湿式报警阀安装→报警管道及延时器、水力警铃、压力开关安装→排水阀、排水管安装→压力表安装。

② 湿式报警阀宜安装在喷淋系统的总立管上，便于观察和操作。距地面高度为1.2m，两侧距墙不少于0.5m，距正面墙不少于1.2m。地面应有排水装置。

③ 水力警铃应安装在报警阀附近，如公共通道或值班室附近墙上，并应安装检修和测试用阀门。

5）喷头安装

根据溅水盘的不同，将喷头分为直立型、下垂型及边墙型等。不同型式的喷头，它的向上、向下喷水量是不一样的，不同的建筑场所要求相应形式的喷头，安装时注意核对。

喷头安装时，其操作要点和注意事项如下：

① 喷头安装应在系统试压、冲洗合格后进行，喷头连接短管在闭式系统管径为 $DN25$，在开式系统为 $DN32$，与喷头连接一律采用同心大小头。不得对喷头进行拆装改动，并严禁给喷头加任何涂抹层。

② 应使用专用扳手安装，严禁利用喷头的框架拧紧。喷头框架、溅水盘损坏时，应采用相同型号规格的喷头进行更换，安装在易受机械损伤处的喷头应加防护罩。当喷头的公称直径小于10mm 时，应在配水干管或支管上设过滤器。

6）其他组件安装

① 水流指示器：水流指示器应在管道试压和冲洗合格后安装，规格、型号应符合设计要求，应垂直安装在水平管道上游侧，动作方向应与水流方向一致，安装后浆片、膜片应动作灵活，不得与管壁碰剐。水流指示器前后应保持 5 倍管径长度的直管段。

② 节流装置：节流装置应设在直径为 50mm 以上水平管道上，减压孔板应装在水流转弯处下游一侧的直管段上，且与转弯处的距离不小于管段的 2 倍长度。

③ 压力开关：压力开关应竖直安装在通往水力警铃的报警管路上，不得擅自改动拆装。

④ 信号阀：信号阀应安装在水流指示器之前的管道上，与指示器距离应大于 300mm。

⑤ 排气阀：排气阀应在系统试压和冲洗后安装，安装在配水干、支管末段和配水干管顶部。

⑥ 末端试水设置：末端试水设置应安装在配水干管末端，其前方设压力表，其后安装试验放水口，并接至排水管。

**3. 自动喷水灭火系统的试压、冲洗、调试与安装质量通病**

（1）自动喷水灭火系统试压、冲洗的一般规定

1）管网系统安装完毕后，必须对其进行强度性试验、严密性试验和冲洗。

2）强度性试验和严密性试验宜用水进行。干式喷水灭火系统、预作用喷水灭火系统应做水压试验和气压试验。

3）自动喷水灭火系统试压前应具备以下条件：

① 埋地管道的位置及管道基础、支墩等经复查符合设计要求。

② 试压用的压力表不少于2只；精度不低于1.5级，量程应为试验压力的1.5～2倍。

③ 试压冲洗方案已获批准。

④ 对不能参与试压的设备、仪表、阀门及附件应隔离或拆除；加设的临时盲板应具有突出于法兰的边耳，且应做明显标志，并记录加设的临时盲板数量。

4）系统试压过程中，当出现泄漏时，应停止试压，并应放空管网中的试验介质，缺陷消除后重新试压。

5）系统试压完成后，应及时拆除所有临时盲板及试验用的临时管道，并应与记录核对无误后，填写水压试验记录。

6）管网冲洗应在试压合格后分段进行。冲洗顺序应先室外，后室内；先地下，后地上；室内部分的冲洗应按配水干管、配水管、配水支管的顺序进行。

7）管网冲洗宜用水进行。冲洗前，应对系统的仪表采取保护措施。止回阀、报警阀、过滤器等附件应拆除，接一临时短管，待冲洗工作结束后，再将临时短管拆下，将上述附件复位。

8）冲洗前，应对管道支架、吊架进行检查，必要时应采取临时加固措施。

9）对不能经受冲洗的设备和可能存留脏物、杂物的管段，应进行清理。

10）冲洗直径大于100mm的管道时，应对其焊缝、死角和底部进行轻轻敲打，敲打不得损伤管道。

11）管网冲洗合格后应填写冲洗记录。

12）水压试验和系统冲洗用水应采用生活用水，不得使用海水或有腐蚀性化学物质的水。

(2) 水压试验

1) 水压试验环境温度不宜低于5℃，当低于5℃时，应采取防冻措施。

2) 系统水压试验的压力，当系统设计工作压力小于等于1.0MPa时，水压强度试验压力为工作压力的1.5倍，且不小于1.4MPa；当系统工作压力大于1.0MPa时，水压强度试验压力为工作压力加0.4MPa。水压强度试验的测试点应在系统的最低点。

3) 水压强度试验时，先向管网充水，并将管网内的空气排净，再缓慢升压，达到试验压力后，稳压30min，目测管道系统无变形、破裂，无明显的渗水、漏水，且压力降小于等于0.05MPa，强度性试压合格。

4) 强度性试压合格后，应进行水压严密性试验。将试验压力降至设计工作压力，稳压24h，管网无泄漏为合格。

5) 自动喷水灭火系统的水源干管、引入管和室内埋地管道应在回填前单独或与系统一起进行水压强度试验和水压严密性试验。

(3) 气压试验

1) 气压试验的介质宜采用空气或氮气。

2) 气压严密性试验的试验压力为0.28MPa，稳压24h，且压力降不应大于0.01MPa为合格。

(4) 冲洗

1) 管网冲洗所采用的排水管道，应与排水系统连接可靠，其排放应畅通、安全。排水管道的截面面积不得小于被冲洗管道截面面积的60%。

2) 管网冲洗的水流流速、流量不应小于系统设计的水流流速、流量；管网冲洗宜分区、分段进行；水平管网冲洗时其排水管位置应低于配水支管。

3) 管网的地上管道与地下管道连接前，应在配水干管底部加设堵头后，对地下管道进行冲洗。

4）管网冲洗应连续进行，当出水口处水的颜色、透明度与入口处水的颜色、透明度基本一致时为合格。

5）管网冲洗的水流方向与灭火时管网的水流方向一致。

6）管网冲洗结束后，应将管网的水排除干净，必要时用压缩空气吹干。

（5）系统调试

1）系统调试应具备的条件。自动喷水灭火系统调试完成后进行。系统测试应具备下列条件：

① 消防水池、消防水箱已储备设计要求的水量。

② 系统供电正常。

③ 消防气压给水设备的水位、气压符合设计要求。

④ 湿式喷水灭火系统管网内已充满水；干式、预作用喷水灭火系统管网内的气压符合设计要求；阀门密封性能可靠，无任何渗漏。

⑤ 与系统配套的火灾自动报警系统处于工作状态。

2）系统调试的内容和要求。

① 自动喷水灭火系统调试的内容有：A. 水源测试；B. 消防水泵调试；C. 稳压泵调试；D. 报警阀调试；E. 排水装置调试；F. 联动试验。

② 水源测试应符合下列要求：A. 按设计要求核实消防水箱的容积、设置高度及消防储水不作他用的技术措施；B. 按设计要求核实消防水泵接合器的数量和供水能力，并通过移动式消防水泵做供水试验进行验证。

③ 消防水泵调试应符合下列要求：A. 以自动或手动方式开启消防水泵时，消防水泵应在 55s 内投入正常运行；B. 以备用电源切换或备用泵切换方式启动消防水泵时，消防水泵应在 1min 或 2min 内投入正常运行。

④ 稳压泵调试时，模拟设计启动条件，稳压泵应立即启动；当达到系统设计压力时，稳压泵应自动停止运行。

⑤ 报警阀组调试应符合下列要求：

A. 湿式报警阀调试时，在试水装置处放水，当湿式报警阀进口水压大于0.14MPa、放水量大于1L/s时，报警阀应及时启动；带延迟器的水力警铃应在5～90s内发出报警铃声，不带延迟器的水力警铃应在15s内发出警铃声；压力开关应及时动作，并反馈信号。

B. 干式报警阀调试时，开启系统试验阀，报警阀的启动时间、启动点压力、水流到试验装置出口所需时间，均应符合设计要求。

C. 雨淋阀调试宜利用检测、试验管路进行。用设计的自动或手动方式启动雨淋阀，启动装置动作后，雨淋阀应在15s之内启动，试验管路应输出设计要求的水流；公称直径大于200mm的雨淋阀调试时间应在60s之内启动。雨淋阀调试时，当报警水压大于等于0.05MPa时，水力警铃应发出报警铃声。

⑥ 排水装置调试应符合下列要求：A. 开启排水装置的主排水阀，应按系统最大设计灭火水量做排水试验，并使压力达到稳定；B. 试验过程中，从系统排出的水应全部从室内排水系统排走。

⑦ 联动试验应符合下列要求：A. 采用专用测试仪表或其他方式，对火灾自动报警系统的各种探测器输入模拟火灾信号，火灾自动报警控制器应发出声光报警信号并启动自动喷水灭火系统；B. 启动一只喷头或以0.94～1.5L/s的流量从末端试水装置处放水，水流指示器、压力开关、水力警铃和消防水泵等应及时动作并发出相应的信号。

联动试验可验证火灾自动报警系统与自动喷水灭火系统投入灭火时的连锁功能，可直观地显示两个系统的部件和整体的灵敏度与可靠性是否达到要求。联动试验成功，应填写自动喷水灭火系统联动试验记录。

(6) 系统的安装质量通病

自动喷洒消防系统的安装质量通病如下：

1) 消防水池上未安装浮球阀。

2）消防水泵吸水管上的阀门采用蝶阀，吸水管采用同心变径。出水管上无压力表、放水阀门、泄压阀等。

3）消防水箱出水管上的单向阀安装在立管上，消防水箱无水位指示器。

4）消防水泵接合器距室外消火栓或消防水池的取水口较远，未位于通道旁；水泵接合器安装在玻璃幕墙下，未标明所属系统；止回阀的方向不正确，检修阀未处于常开状态。

5）对公称直径不大于100mm的管道采用焊接，管道防晃支架偏少，室外管道未做保温措施，管道穿过墙体或楼板时未加设套管，管道的试压、冲洗和严密性试验未严格按照规范要求执行。

6）报警阀距地面的高度不是1.2m。在报警阀以后的管路上安装室内消火栓。

7）压力开关可靠性差。

8）管道未设置伸缩器。

9）水力警铃未设在公共通道或有人值守的值班室内。

10）管道的试压、冲洗和严密性试验未严格按照规范要求执行。

11）末端放水处未设检修口，将末端试验装置等同于排水管，末端试验装置管径小于25mm，未设置压力表等。

## （四）管道阀门与支架安装

**1. 管道阀门的安装**

工程中常用阀门有：闸阀、截止阀、止回阀、减压阀、疏水阀、安全阀等。本节对几种常见阀门安装与检修进行介绍。

（1）闸阀的安装

闸阀安装没有方向性的要求，但是不能倒装。

明杆闸阀适用于地面上或管道上方有足够空间的地方如图2-44、图2-45所示；

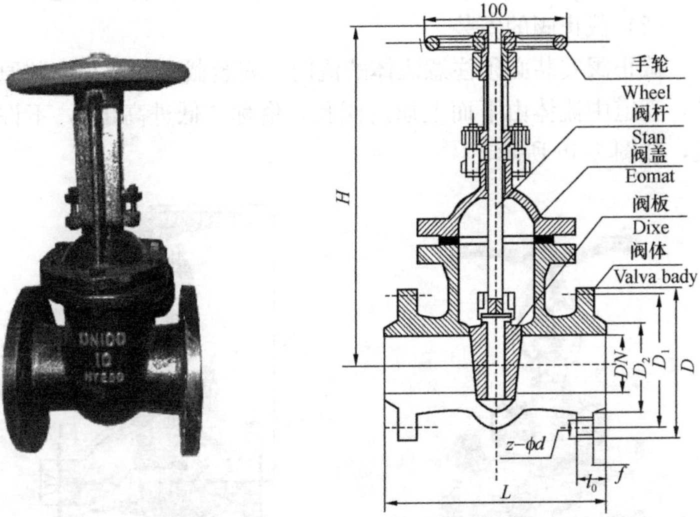


图 2-44　明杆闸阀

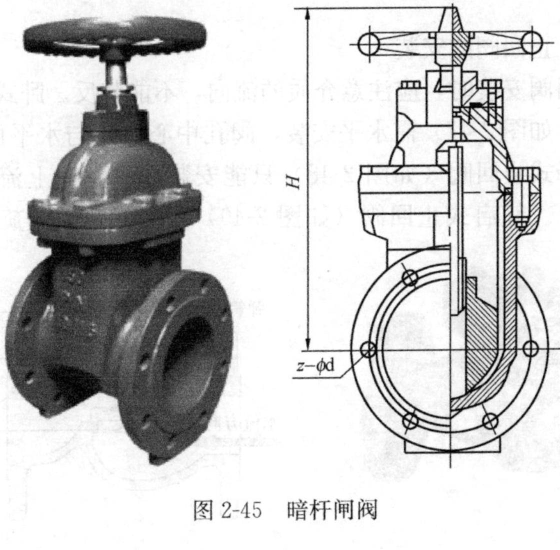


图 2-45　暗杆闸阀

暗杆闸阀多用于地下管道或管道上没有足够空间的地方。

(2) 截止阀的安装

截止阀安装必须注意流体的流向。安装截止阀必须安装原则是，管道中流体由下而上通过阀孔，俗称“低进高出”，不许装反，如图 2-46 所示。

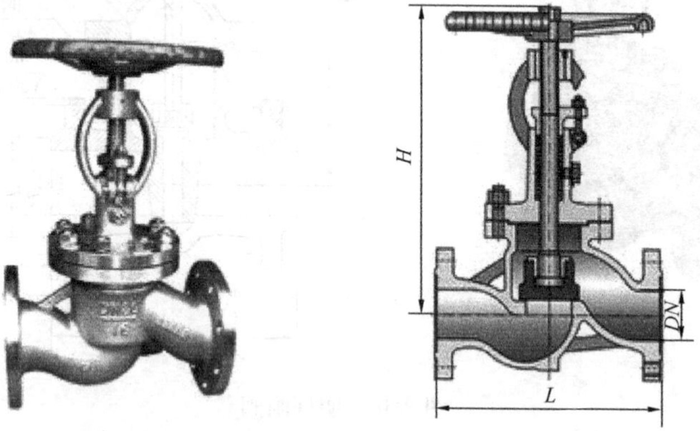


图 2-46　截止阀

(3) 止回阀的安装

止回阀安装时，应注意介质的流向，不能装反。卧式升降式止回阀（如图 2-47）需水平安装，阀孔中心线应与水平面垂直。立式升降式止回阀（如图 2-48）只能安装在由下向上流动的垂直管道上。旋启式止回阀（如图 2-49）安装时摇板的旋转枢轴

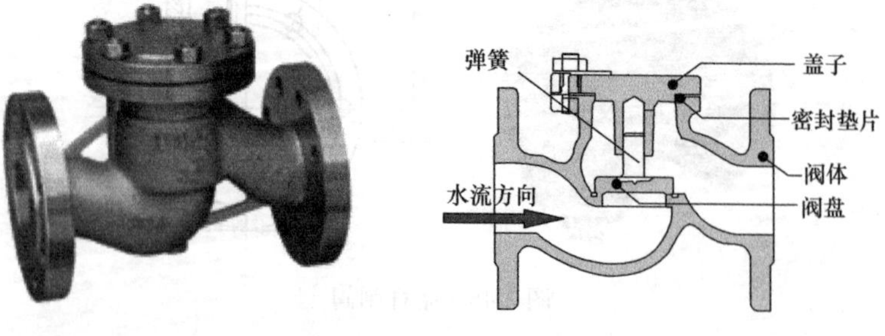


图 2-47　卧式升降式止回阀

必须水平，其可安装在水平管道上，也可以安装在垂直管道上。

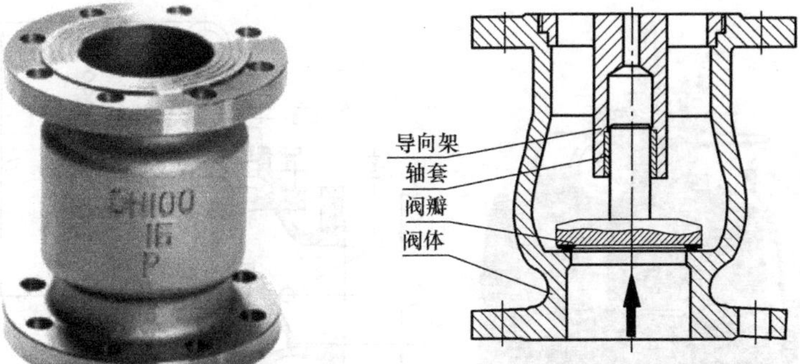


图 2-48　立式升降式止回阀

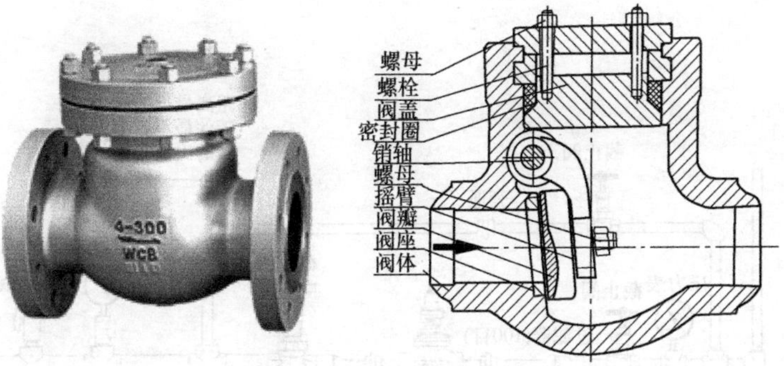


图 2-49　旋启式止回阀

（4）减压阀的安装

将汽包放风堵头上好橡胶石棉垫，用管钳上紧。在放风门丝扣上抹铅油，缠少许麻丝，拧在汽包放风堵头带内丝的孔上，用扳子上到松紧适度，放风孔向外斜 45°。

减压阀组主要由减压阀主体、阀门、安全阀、过滤器、压力表、泄水管及连接管道组成，减压阀及减压阀组安装组成如图 2-50、图 2-51 所示。

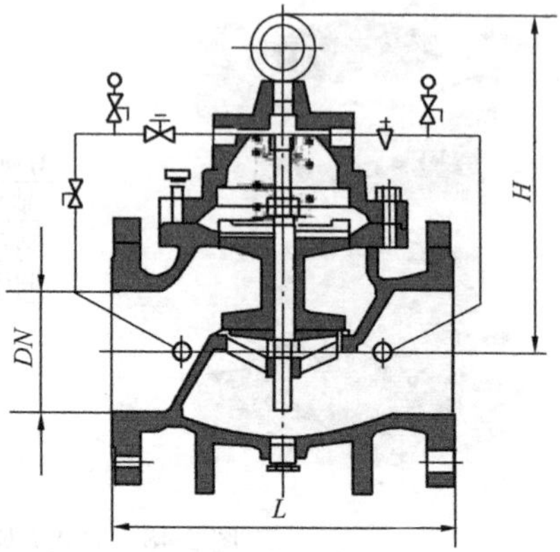
H
DN
L

图 2-50 减压阀

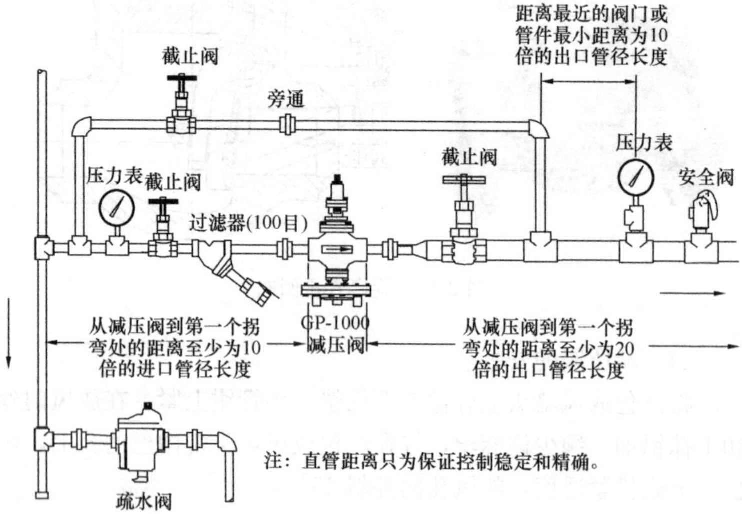
距离最近的阀门或
管件最小距离为10
倍的出口管径长度
截止阀
旁通
截止阀
压力表
压力表
截止阀
安全阀
过滤器(100目)
GP-1000
减压阀
从减压阀到第一个拐
弯处的距离至少为10
倍的进口管径长度
从减压阀到第一个拐
弯处的距离至少为20
倍的出口管径长度
疏水阀
注：直管距离只为保证控制稳定和精确。

图 2-51 减压阀组

减压阀组安装及注意事项如下：

1）垂直安装的减压阀组，一般沿墙设置在距地面适宜的高度；水平安装的减压阀组，一般安装在永久性操作平台上。

2）安装时，应用型钢分别在两个控制阀（常用于截止阀）的外侧载入墙内，构成托架，旁通管也卡在托架上，找平找正。减压阀中心距墙面不应小于200mm。

3）减压阀的阀体必须垂直安装在水平管路上，阀体上的箭头必须与介质流向一致，不得装反。减压阀两侧应安装阀门，采用法兰连接。

4）减压阀前的高压管道和阀后的低压管道上都应安装压力表，以进行减压阀调整。阀后低压管道上应安装安全阀，安全阀排气管应接至室外。减压阀后的管道直径应比阀前进口管径大2～3号，并装上旁通管以便检修。旁通管管径比减压阀公称直径小1～2号。

5）带有均压管的薄膜式减压阀，其均压管应接往低压管道一侧。低压管道，应设置安全阀，以保证系统的安全运行。安全阀的公称直径一般比减压阀的公称直径小2号。

6）用于蒸汽减压时，要设置泄水管。如果水质不清洁含有一些杂质，必须在减压阀的上游进水口安装过滤器、过滤精度不低于0.5mm。

7）减压阀组安装结束后，应按设计要求对减压阀、安全阀进行试压、冲洗和调整，并做出调整后的标志。

8）对减压阀进行冲洗时，关闭减压器进口阀，打开冲洗阀进行冲洗。系统送汽前，应打开旁通阀，关闭减压阀前的控制阀，对系统进行暖管并冲走残余污物，暖管正常后，再关闭旁通阀，使介质通过减压阀正常运行。

（5）疏水阀的安装

疏水阀分为高压和低压，按其结构不同，疏水阀有浮筒式、倒吊桶式、热动力式、脉冲式及用于低压蒸汽采暖系统散热器上恒温型热膨胀式疏水阀（回水盒）。

高压疏水阀应按设计图样进行组装，当设计无具体要求时，有三种安装型式，如图 2-52 所示，其安装尺寸见表 2-22。

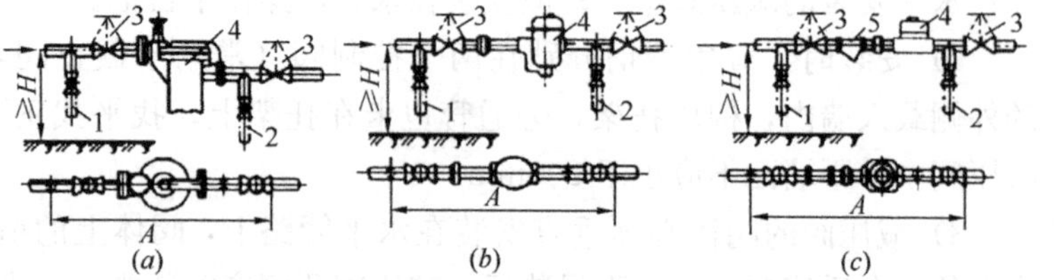


图 2-52　疏水阀的安装形式（不带旁通管）

（a）浮筒式疏水阀安装；（b）倒吊桶式疏水阀安装；（c）热动力式、脉冲式疏水阀安装

1—冲洗管；2—检查管；3—截止阀；

4—疏水阀；5—过滤器

**疏水阀不带旁通管安装尺寸**（mm）　　**表 2-22**

| 规格<br>型号 | | DN15 | DN20 | DN25 | DN32 | DN40 | DN50 |
|---|---|---|---|---|---|---|---|
| 浮筒式疏水阀 | A | 680 | 740 | 840 | 930 | 1070 | 1340 |
| | H | 190 | 210 | 260 | 380 | 380 | 460 |
| 倒吊桶式疏水阀 | A | 680 | 740 | 830 | 900 | 960 | 1140 |
| | H | 180 | 190 | 210 | 230 | 260 | 290 |
| 热动力式疏水阀 | A | 790 | 860 | 940 | 1020 | 1130 | 1360 |
| | H | 170 | 170 | 180 | 190 | 210 | 230 |
| 脉冲式疏水阀 | A | 750 | 790 | 870 | 960 | 1050 | 1260 |
| | H | 170 | 180 | 180 | 190 | 210 | 230 |

当疏水阀需设置旁通管时，旁通管的安装如图 2-53 所示，此时图 2-52 与图 2-53 合并使用。疏水阀旁通管的安装尺寸见表 2-23。

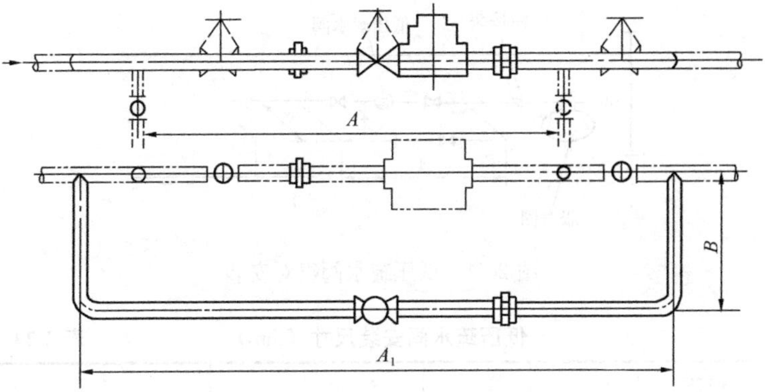


图 2-53　疏水阀旁通管安装

**疏水阀旁通管安装尺寸**（mm）　　**表 2-23**

| 型号 \ 规格 | | DN15 | DN20 | DN25 | DN32 | DN40 | DN50 |
|---|---|---|---|---|---|---|---|
| 浮筒式疏水阀 | $A_1$ | 800 | 860 | 960 | 1050 | 1190 | 1500 |
| | H | 200 | 200 | 220 | 240 | 260 | 300 |
| 倒吊桶式疏水阀 | $A_1$ | 800 | 860 | 950 | 1020 | 1080 | 1300 |
| | H | 200 | 200 | 220 | 240 | 260 | 300 |
| 热动力式疏水阀 | $A_1$ | 910 | 980 | 1060 | 1140 | 1250 | 1520 |
| | H | 200 | 200 | 220 | 240 | 260 | 300 |
| 脉冲式疏水阀 | $A_1$ | 870 | 910 | 990 | 1080 | 1170 | 1420 |
| | H | 200 | 200 | 220 | 240 | 260 | 300 |

低压疏水阀，即地沟回水门的组对形式，如图 2-54 所示，其安装尺寸见表 2-24。

安装时应配置胀力弯，且两端应以活接连接，阀门应垂直，间距应均匀，胀力度与旁通管应水平。$DN \leqslant 25$mm 的管道均应以螺纹连接。

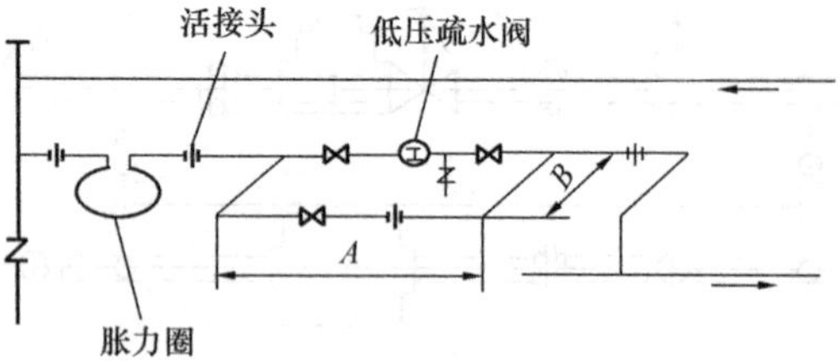


图 2-54　低压疏水阀组对安装

**低压疏水阀安装尺寸**（mm）　　**表 2-24**

| 型号<br>规格 | *DN*15 | *DN*20 | *DN*25 | *DN*32 | *DN*40 | *DN*50 |
|---|---|---|---|---|---|---|
| A | 700 | 700 | 800 | 900 | 1000 | 1100 |
| B | 150 | 180 | 200 | 200 | 230 | 230 |

疏水阀安装要求如下：

1）在安装疏水阀之前一定要用带压蒸汽吹扫管道，清除管道中的杂物。

2）疏水阀前应安装过滤器，确保疏水阀不受管道杂物的堵塞，定期清理过滤器，热动力疏水阀本身带过滤器，其他类型疏水阀应另选配用。

3）疏水阀与后截断阀间应设检查管，用于检查疏水阀工作是否正常，如打开检查管大量冒汽，则说明疏水阀坏了，需要检修。

4）疏水阀前后要安装阀门，方便疏水阀随时检修。

5）设置旁通管是为了在启动时排放大量凝结水，减小疏水阀的排水量负荷。正常运行时旁通阀应关闭，否则蒸汽会窜入回水系统，影响其他加热设备和室外管网回水压力的平衡。但旁通管容易造成漏汽，因此一般不用，如采用时，应注意检查维修。

6）凝结水流向要与疏水阀安装箭头标志一致。

7）当疏水阀用于用热设备的凝结水排除时，应安装在用热设备的下部，使凝水管垂直返下接入疏水器，以防用热设备存水；当疏水阀背压升高时，为防止凝结水倒灌，应设置止回阀，热动力式疏水阀本身能起止回作用。

8）疏水阀的安装位置应尽量靠近排水点，若距离太远时，疏水阀前面的细长管道内会积存空气或蒸汽，使疏水阀处在关闭状态，且阻挡凝结水不能到达疏水点。

9）在蒸汽干管水平管线过长时应考虑疏水问题。

(6) 安全阀的安装

目前，工程上普遍使用的是弹簧式安全阀，其基本构造如图 2-55 所示。

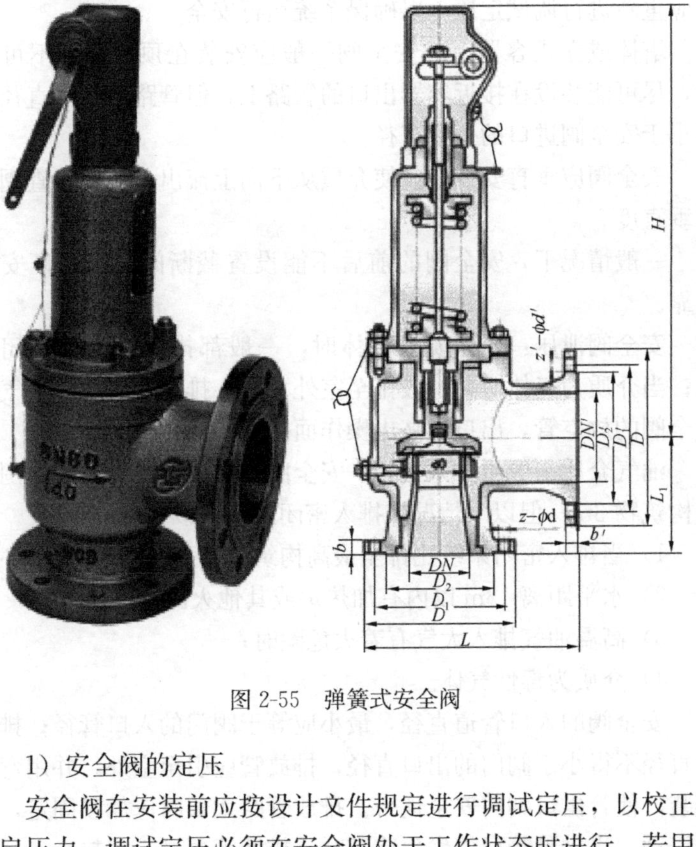


图 2-55　弹簧式安全阀

1）安全阀的定压

安全阀在安装前应按设计文件规定进行调试定压，以校正其开启压力。调试定压必须在安全阀处于工作状态时进行，若用冷水试验作为正式定压将会造成压力误差过大或安全阀失灵。

安全阀定压试验所用介质：当工作介质为气体时，应用空气或惰性气体调试，并应有足够的贮气容器；工作介质为液体时，用洁净水调试。调试定压应与安装在高度定压装置上的压力表相对照，边观察压力表数值边进行调整安全阀。

2）安全阀安装注意事项

安装前必须对产品进行认真地检查，验明是否有合格证及产品说明书，以明确出厂时的定压情况；检查铅封完好情况、外观有无伤残。对铅封破坏，出厂定压不符合设计工作压力要求的，均应重新进行调试定压，以确保系统运行安全。

塔体或立式容器上的安全阀一般应安装在顶部，如不可能时，尽可能装设在接近容器出口的管路上，但管路的公称直径应不小于安全阀进口的公称直径。

安全阀应垂直安装，应使介质从下向上流出，并要检查阀杆的垂直度。

一般情况下，安全阀的前后不能设置截断阀，以保证安全可靠。

安全阀泄压：当介质为液体时，一般都排入管道或密闭系统；当介质为气体时，一般排至室外大气；排入大气的一般气体安全阀的放空管，出口应高出操作面 2.5m 以上。

油气介质一般可排入大气，安全阀放空管出口应高出周围最高构筑物 3m，但以下情况应排入密闭系统，以保证安全。

1）当排入密闭系统比排至最高构筑物以上 3m 更为经济时；

2）水平距离 15m 以内有加热炉或其他火源；

3）高温油气排入大气有着火危险时；

4）介质为毒性气体。

安全阀的入口管道直径，最小应等于阀门的入口管径；排放管直径不得小于阀门的出口直径，排放管应引至室外，并用弯管安装，使管出口朝向安全地带。排放管路太长时应加以固定，以防振动。当排液管可能发生冻结时，排液管要进行伴热。

安全阀安装时，当安全阀和设备及管道的连接为开孔焊接时，其开孔直径应与安全阀的公称直径相同；法兰连接的安全阀，开孔后焊上一段长度不超过 120mm 的法兰短管，以便于安全并进行法兰连接；螺纹连接的安全阀，开孔后焊上一段长度不超过 100mm 的带钢制管箍的短管，以螺纹连接的方法和安全阀的外螺纹连接。

**2. 管道阀门的检修**

常用阀门在安装和使用过程中，由于制造质量和磨损等原因，使阀门容易产生泄漏和关闭不严等现象，为此，需要对阀件进行检查与修理。

压盖泄漏检修

填料函中的填料受压盖的压力起密封作用，经过一段时间运行后，填料会老化变硬，特别是启闭频繁的阀门，因阀杆与填料之间摩擦力减小，易造成盖漏汽、漏水，为此必须更换填料。

1）小型阀盖泄漏检修

如图 2-56 所示，小规格阀门采用螺母式盖母 4 与阀体盖 1 外螺纹相连接，通过旋紧盖母达到压实填料 2 的目的。更换填料时，首先将盖母卸下，然后用螺丝刀将填料压盖撬下来，把填料函中的旧填料清理干净，将细棉绳按顺时针方向，围绕阀杆缠上 3～4 圈装入填料函，放上填料压盖 3 并压实，旋紧盖母即可。

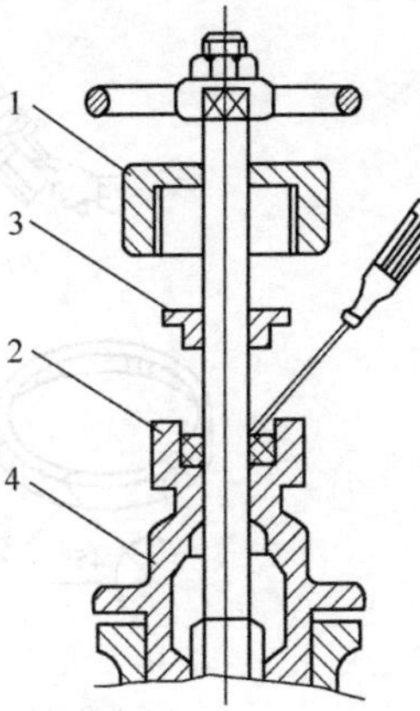

图 2-56　小型阀门更换填料操作

1—阀盖；2—填料；3—填料盖；4—盖母

小型阀门更换填料的操作中需注意，旋紧盖母时不要过分用力，防止盖母脱扣或造成阀门破裂；如更换后仍然泄漏，可再拧紧盖母，直至不渗漏为止。

对于不经常启闭的阀门，一经使用易产生泄漏，原因是填料变硬，阀门转动后，阀杆与填料间便产生了间隙。修理时，应首先按松扣方向将盖母转动，然后按旋紧的方向旋紧盖母即可。如用上述方法不见效果时，说明填料已失去了应有弹性，应更换填料。

2）较大阀门压盖泄漏检修

较大规格（一般大于 $DN50$）的阀门，采用一组螺栓夹紧法兰式压盖来压紧填料。更换填料时，首先拆卸螺栓，卸下法兰压盖，取出填料函中的旧填料并清理干净。填料前，用成型的石墨石棉绳或盘根绳（方形或圆形均可），按需要的长度剪成小段，并预先做好填料圈，如图 2-57（*a*）、（*b*）所示。放入填料圈时，注意各层填料接缝要错开，如图 2-57（*c*）所示，并同时转动阀杆，以便检查填料紧固阀杆的松紧程度。更换填料时，除应保证良好的密封性外，尚需阀杆转动灵活。

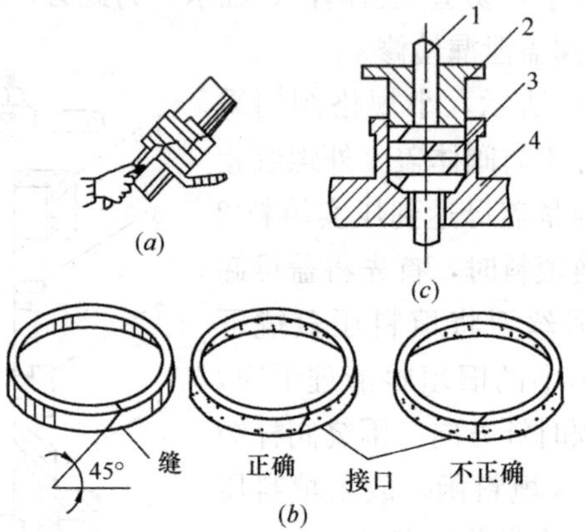


图 2-57　制备填料圈及装填排列法

（*a*）在木棍上缠绕填料圈；（*b*）填料圈接口位置；

（*c*）填料圈在填料函内排列

1—阀杆；2—填料函盖；3—填料圈；4—填料函套

3）不能开启或开启不通汽、不通水

阀门长期关闭，由于锈蚀而不能开启，开启这类阀门时可用振打方法，使阀杆与盖母（或法兰压盖）之间产生微量的间隙。振打时不得用力过猛，如仍不能开启时，可加注机油或润滑油，将锈层溶开，再用扳手或管钳转动手轮，转动时应缓慢地加力，不得用力过猛，以免将阀杆扳弯或扭断。

阀门开启后不通汽、不通水，可能有以下几种情况：

① 闸阀。从检查中发现，阀门开启不能到头，关闭时也关不到底。这种现象表明阀杆已经滑扣，由于阀杆不能将闸板提上来，俗称吊板现象，导致阀门不通。遇到这种情况时，需拆卸阀门，更换阀杆或更换整个阀门。

② 截止阀。如有开启不到头或关闭不到底现象，属于阀杆滑扣，需更换阀杆或阀门。如能开到头和关到底，是阀芯（阀瓣）与阀杆相脱节，采取下述方法修理：小于或等于 $DN50$ 的阀门，将阀盖卸下，将阀芯取出，阀芯的侧面有一个明槽，其内侧有一个环形的暗槽与阀杆上的环槽相对应。修理时，将阀芯顶到阀杆上，然后从阀芯明槽处，将直径与环形槽直径相同的铜丝插入阀杆上的小阀杆与阀芯的连接（不透孔），当用手使阀杆与阀芯作相对转动时，铜丝就会自然地被卷入环形槽内，如此阀芯就被连在阀杆上了，阀杆与阀芯的连接如图 2-58 所示，大于 $DN50$ 的阀门，因其阀芯与阀杆连接方式较多，需在阀门拆开后，根据其连接方式和特点进行修理。

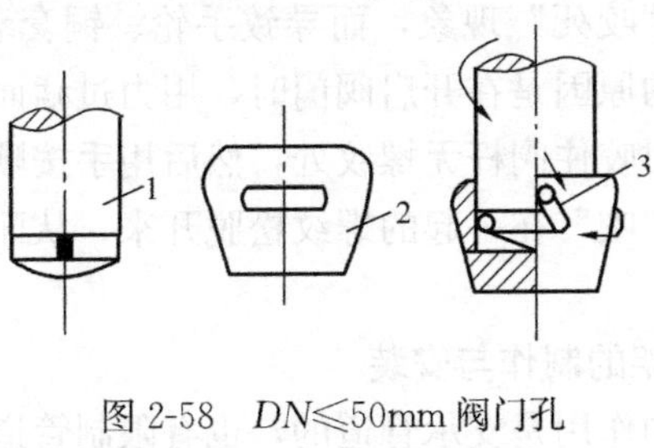


图 2-58　$DN \leqslant 50$mm 阀门孔

1—阀杆；2—阀芯；3—铜丝

③ 阀门或管道堵塞。经检查所见阀门既能开启到头，又能关闭到底，且拆开阀门见阀杆与阀芯间连接正常，这就证实阀门

本身无故障，需要检查与阀门连接的管道有无堵塞现象。

4）关不住或关不严

① 关不严

阀门产生关不严现象，对于闸阀和截止阀来说，可能由于阀座与阀芯之间卡有脏物，如水垢、铁锈之类，或是阀座、阀芯有被划伤之处，致使阀门无法关严。

修理时，需将阀盖拆下进行检查。如果是阀座与阀芯之间卡住了脏物，应予清理干净，如属阀座或阀芯被划伤，则需要用研磨方法进行修理。对于经常开启着的阀门，由于阀杆螺纹上积存着铁锈，当偶然关闭时也会产生关不严的现象。关闭这类阀门时，需采取将阀门关了再开，开了再关的方法，反复多次地进行后，即可将阀门关严。对于少数垫有软垫圈的阀门，关不严多属垫圈被磨损，应拆开阀盖，更换软垫圈即可。

② 关不住

是指明杆闸阀在关闭时，虽转动手轮，阀杆却不再向下移动，且部分阀杆仍留在手轮上面。遇到这种现象，需检查手轮与带有阴螺纹的铜套之间的连接情况，若两者为键连接，一般是因为键失去了作用，键与键槽咬合得松，或是键质量不符合要求。为此，需修理键槽或重新配键。

阀杆与带有阴螺纹的铜套间非键连接的闸阀，易产生阀杆与铜套螺纹间的“咬死”现象，而导致手轮、铜套和阀杆连轴转。产生这种现象的原因是在开启阀门时，用力过猛而开过了头。修理时，可用管钳咬住阀杆无螺纹处，然后用手按顺时针方向扳动手轮，即可将“咬”在一起的螺纹松脱开来，从而恢复阀杆的正常工作。

**3. 管道支架的制作与安装**

管道支架的作用是支承管道的，也有限制管道的变形和位移的。管道支架的制作和安装是安装管道的首要工序。

(1) 管道支架的制作

1）管道支架的形式、材质、加工尺寸、精度及焊接质量等应符合设计文件或有关施工验收规范和安装图册的要求。

2）管道支架焊缝需要进行外观检查，焊缝应均匀完整，外观成型良好，不得有漏焊、欠焊、裂纹、咬肉等缺陷。焊接变形应予以矫正。

3）支架下料应按图纸与实际尺寸进行划线，切割应采用机械切割（无齿锯），不得采用气割。切割后，在角钢平面的两个垂直角处应进行抹角。

4）管道支架需要钻孔的部位应采用电钻和台钻加工，其孔径应比管卡或吊杆直径大 1～2mm，不得以气割开孔。

5）制作合格的支架成品应及时进行防腐处理，防腐层应完整，厚度均匀，合金钢支架应有材质标记。

（2）管道支架的安装

1）安装管道支架前，应对管道支架进行外观检查，材质及外形尺寸应符合设计要求，不得有漏焊、缺焊。

2）管道支架应按照图纸所示位置正确安装，并与管子施工同步进行，固定支架应按设计文件要求进行安装，并且应在补偿器预拉伸之前固定。如无补偿器，则在一根管段上不得安装固定支架。

3）管道安装时，应及时调整和固定管道支吊架，其位置应准确，安装应平整牢固，与管道接触应紧密。

4）无热位移的管道，其吊架应垂直安装。有热位移的管道，吊点应设在位移相反方向，偏移 1/2 伸长量。两根热位移方向相反或位移量不等的管道不得使用同一吊架。

5）导向支架或滑动支架的滑动面应洁净平整，不得有歪斜和卡涩现象。其安装位置应从支面中心向位移反方向偏移，偏移量应为位移值的 1/2 或符合设计文件规定，绝热层不得妨碍其位移。

6）管道支吊架的焊接应由合格焊工施焊，并不得有漏焊、欠焊或焊接裂纹等缺陷。管道与支架焊接时，管道不得有咬边、烧穿等现象。

7）铸铁及大口径管道上的阀门，应设有专用支架，不得以管道承重。

8）补偿器两侧应至少安装两个导向支架，以限制管道不偏移中心线。

9）支架横梁栽在墙上或其他构体上时，应保证管子外表面或保温层外表面与墙面或其他构体表面的净距不小于 60mm。

10）不得在金属屋架上任意焊接支架，确需焊接时，须征得设计单位同意；也不得在设备上任意焊接支架，如设计单位同意焊接时，应在设备上先焊加强板，再焊支架。

11）管道安装时不宜使用临时支吊架。当使用临时支吊架时，不得与正式支吊架位置冲突，并应明确标记。在管道安装完毕后应予拆除。

12）固定支架，活动支架安装的允许偏差应符合表 2-25 的规定要求。

**支架安装的允许偏差**（mm） **表 2-25**

| 检查项目 | 支架中心点 | 支架标高 | 两固定支架间的其他支架中心线 | |
|---|---|---|---|---|
| | 平面坐标 | | 距固定支架 10m 处 | 中心处 |
| 允许偏差 | 25 | −10 | 5 | 25 |

（3）管道支架的安装方法

管道支架常用的安装方法有栽埋法、预埋件焊接法、膨胀螺栓或射钉法、抱柱法等。

1）栽埋法

栽埋法适用于直型横梁在墙上的栽埋固定。埋横梁的孔洞可在现场打洞，也可在土建施工时预留。如图 2-59 所示为不保温单管支架的栽埋法安装，其安装尺寸见表 2-26。

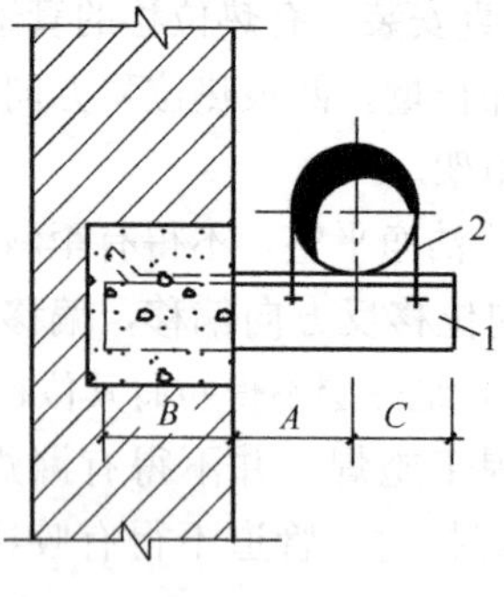


图 2-59　单管栽埋法安装支架
1—支架横梁；2—U 形管卡

采用栽埋法安装时，先在支架安装线上画出支架中心的定位十字线及打洞尺寸的方块线，即可进行打洞。洞要打得里外尺寸一样，深度符合要求。

洞打好后将洞内清理干净，用水充分润湿，浇水时可将壶嘴顶住洞口上边沿，浇至水从洞下口流出，即为浇透。然后将洞内填满细石混凝土砂浆，填塞要密实饱满，再将加工好的支架栽入洞内。支架横梁的栽埋应保证平正，不发生偏斜或扭曲，栽埋深度应符合设计要求或有关图集规定。横梁栽埋后应抹平洞口处灰浆，使之不突出墙面。当混凝土强度未达到有效强度的75%时，不得安装管道。

**单管托架尺寸表**（mm） **表 2-26**

| 公称直径 *DN* | 不保温管 | | | 保温管 | | | |
|---|---|---|---|---|---|---|---|
| | A | B | C | A | C | E | H |
| 15 | 70 | 75 | 15 | 120 | 15 | 60 | 101 |
| 20 | 70 | 75 | 18 | 120 | 18 | 60 | 106 |
| 25 | 80 | 75 | 21 | 140 | 21 | 60 | 117 |
| 32 | 80 | 75 | 27 | 140 | 27 | 80 | 121 |
| 40 | 80 | 75 | 30 | 140 | 30 | 80 | 124 |
| 50 | 90 | 105 | 36 | 150 | 36 | 80 | 130 |
| 65 | 100 | 105 | 44 | 160 | 44 | 80 | 158 |
| 80 | 100 | 105 | 50 | 160 | 50 | 80 | 165 |
| 100 | 110 | 130 | 61 | 180 | 61 | 120 | 174 |
| 125 | 130 | 130 | 73 | 200 | 73 | 150 | 187 |
| 150 | 140 | 145 | 88 | 210 | 88 | 150 | 230 |

2）预埋件焊接法

在混凝土内先预埋钢板，再将支架横梁焊接在钢板上。单管支架预埋钢板厚度为4～6mm，*DN*15～*DN*80的单管，钢板规格为150mm×90mm×4mm。*DN*100～*DN*150的单管，钢板规格为230mm×140mm×6mm。钢板的埋入面可焊接2～4根圆钢弯钩，也可焊接直圆钢再与混凝土主筋焊在一起。

支架横梁与预埋钢板焊接时，应先挂线确定横梁的焊接位置和标高，焊接应端正牢固。

3）膨胀螺栓法及射钉法

这两种方法适用于在没有预留孔洞，又不能现场打洞，也没有预埋钢板的情况下，用角型横梁在混凝土结构上安装，如图 2-60 所示。两种方法的区别仅在于角型横梁的紧固方法不同。目前，在安装施工中得到越来越多的应用。

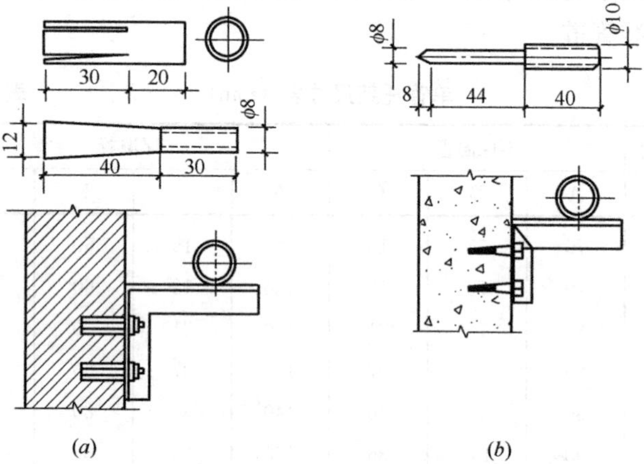


图 2-60　膨胀螺栓及射钉法安装支架

(*a*) 膨胀螺栓法；(*b*) 射钉法

用膨胀螺栓固定支架横梁时，先挂线确定横梁的安装位置及标高，再用已加工好的角型横梁比量，并在墙上画出膨胀螺栓的钻孔位置，经打钻孔后，轻轻打入膨胀螺栓，套入梁底部孔眼，将横梁用膨胀螺栓的螺母紧固。膨胀螺栓规格及钻头直径的选用见表 2-27。钻孔要用手电钻进行。

射钉法固定支架的方法基本上同膨胀螺栓法，即在定出紧固螺栓位置后，用射钉枪打入带螺纹的射钉，最后用螺母将角型横梁紧固，射钉规格为 8～12mm，操纵射钉枪时，应按操作要领进行，注意安全。

膨胀螺栓的选用（mm）　　表 2-27

| 管道公称直径 $DN$ | ≤70 | 80～100 | 125 | 150 |
|---|---|---|---|---|
| 膨胀螺栓规格 | M8 | M10 | M12 | M14 |
| 钻头直径 | 10.5 | 13.5 | 17 | 19 |

4）抱柱法

管道沿柱安装时，支架横梁可用角钢、双头螺栓夹装在柱子上固定，如图 2-61 所示。安装时用拉通线方法确定各支架横梁在柱上的安装位置及安装标高。角钢横梁和拉紧螺栓在柱上紧固安装后，支架应保持平正无扭曲。

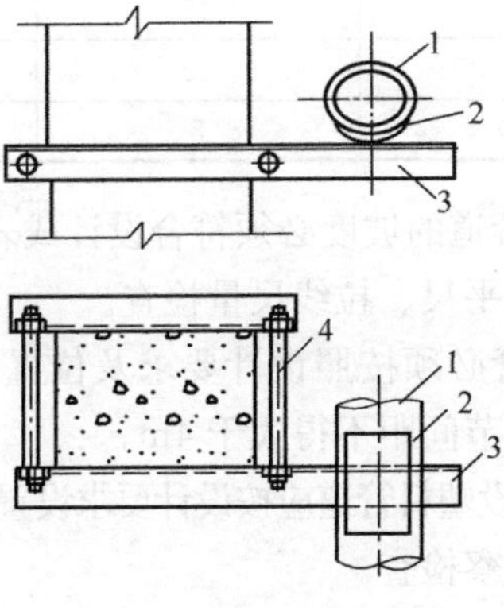


图 2-61　单管抱柱法安装

1—管子；2—弧形滑板；

3—支架横梁；4—拉紧螺栓

## （五）室内管道的验收

### 1. 室内给水排水系统管道安装质量标准及允许偏差

（1）基本要求

1）主控项目

①隐蔽或埋地的排水管道在隐蔽前必须做灌水试验，其灌水

高度应不低于底层卫生器具的上边缘或底层地面高度。

检验方法：满水 15min 水面下降后，灌满观察 5min，液面不降，管道及接口无渗漏为合格。

②生活污水铸铁管道的坡度必须符合设计或表 2-28 的规定。

检验方法：水平尺、拉线尺量检查。

**生活污水铸铁管道的坡度　　表 2-28**

| 项次 | 管径（mm） | 标准坡度（‰） | 最小坡度（‰） |
|---|---|---|---|
| 1 | 50 | 35 | 25 |
| 2 | 75 | 25 | 15 |
| 3 | 100 | 20 | 12 |
| 4 | 125 | 15 | 10 |
| 5 | 150 | 10 | 7 |
| 6 | 200 | 8 | 5 |

③ 生活塑料管道的坡度必须符合设计或表 2-29 的规定。

检验方法：水平尺、拉线尺量检查。

④ 排水塑料管必须按照设计要求及位置装饰伸缩节。如设计无要求时，伸缩节间距不得大于 4m。

高层建筑中明设塑料管道应按设计要求设置阻火圈或防火套圈。

检验方法：观察检查。

⑤ 排水主立管及水平干管管道均应做通球试验，通球球径不小于排水管道管径的 2/3，通球率必须达到 100％。

检验方法：通球检查。

**生活污水塑料管道的坡度　　表 2-29**

| 项次 | 管径（mm） | 标准坡度（‰） | 最小坡度（‰） |
|---|---|---|---|
| 1 | 50 | 25 | 12 |
| 2 | 75 | 15 | 8 |
| 3 | 110 | 12 | 6 |
| 4 | 125 | 10 | 5 |
| 5 | 160 | 7 | 4 |

2）一般项目

室内排水管道安装的允许偏差应符合表2-30的相关规定。

**室内排水管道安装的允许偏差表　　　　表2-30**

<table>
<tr><th>项次</th><th colspan="4">项目</th><th>允许偏差（mm）</th><th>检验方法</th></tr>
<tr><td>1</td><td colspan="4">坐标</td><td>15</td><td rowspan="4">用水准仪（水平尺）、直尺、拉线和量尺检查</td></tr>
<tr><td>2</td><td colspan="4">标高</td><td>±15</td></tr>
<tr><td rowspan="10">3</td><td rowspan="10">横管纵横方向弯曲</td><td rowspan="2">铸铁管</td><td colspan="2">每1m</td><td>≯1</td></tr>
<tr><td colspan="2">全长（25m以上）</td><td>≯25</td></tr>
<tr><td rowspan="4">钢管</td><td rowspan="2">每1m</td><td>管径小于或等于100mm</td><td>1</td><td rowspan="2"></td></tr>
<tr><td>管径大于100mm</td><td>1.5</td></tr>
<tr><td rowspan="2">全长（25m以上）</td><td>管径小于或等于10mm</td><td>25</td><td rowspan="12">吊线和尺量检查</td></tr>
<tr><td>管径大于100mm</td><td>38</td></tr>
<tr><td rowspan="2">塑料管</td><td colspan="2">每1m</td><td>1.5</td></tr>
<tr><td colspan="2">全长（25m以上）</td><td>≯38</td></tr>
<tr><td rowspan="2">钢筋混凝土管、混凝土管</td><td colspan="2">每1m</td><td>3</td></tr>
<tr><td colspan="2">全长（25m以上）</td><td>≯75</td></tr>
<tr><td rowspan="6">4</td><td rowspan="6">立管垂直度</td><td rowspan="2">铸铁管</td><td colspan="2">每1m</td><td>3</td></tr>
<tr><td colspan="2">全长（5m以上）</td><td>≯15</td></tr>
<tr><td rowspan="2">钢管</td><td colspan="2">每1m</td><td>3</td></tr>
<tr><td colspan="2">全长（5m以上）</td><td>≯15</td></tr>
<tr><td rowspan="2">塑料管</td><td colspan="2">每1m</td><td>3</td></tr>
<tr><td colspan="2">全长（5m以上）</td><td>≯15</td></tr>
</table>

**2. 验收方法**

（1）给水排水管道工程施工质量验收应在施工单位自检基础上，按验收批、分项工程、分部（子分部）工程、单位（子单位）工程的顺序进行，并应符合下列规定：

1）工程施工质量应符合本规范和相关专业验收规范的规定。

2）工程施工质量应符合工程勘察、设计文件的要求。

3）工程施工质量的验收应在施工单位自行检查，评定合格的基础上进行。

4）隐蔽工程在隐蔽前应由施工单位通知监理等单位进行验收，并形成验收文件。

5）验收批的质量应按主控项目和一般项目进行验收；每个检查项目的检查数量，除本规范有关条款有明确规定外，应全数检查。

6）对涉及结构安全和使用功能的分部工程应进行试验或检测。

7）承担检测的单位应具有相应资质。

8）外观质量应由质量验收人员通过现场检查共同确认。

（2）单位（子单位）工程、分部（子分部）工程、分项工程和验收批的划分可按规范在工程施工前确定，质量验收记录应规范填写。

（3）验收批质量验收合格应符合下列规定：

1）主控项目的质量经抽样检验合格。

2）一般项目中的实测（允许偏差）项目抽样检验的合格率应达到80%，且超差点的最大偏差值应在允许偏差值的1.5倍范围内。

3）主要工程材料的进场验收和复验合格，试块、试件检验合格。

4）主要工程材料的质量保证资料以及相关试验检测资料齐全、正确；具有完整的施工操作依据和质量检查记录。

（4）分项工程质量验收合格应符合下列规定：

1）分项工程所含的验收批质量验收全部合格。

2）分项工程所含的验收批的质量验收记录应完整、正确；有关质量保证资料和试验检测资料应齐全、正确。

（5）分部（子分部）工程质量验收合格应符合下列规定：

1）分部（子分部）工程所含分项工程的质量验收全部合格。

2）质量控制资料应完整。

3）分部（子分部）工程中，管道接口连接、管道位置及高程、金属管道防腐层、水压试验、严密性试验、管道设备安装调试、阴极保护安装测试、回填压实等的检验和抽样检测结果应符合本规范的有关规定；

4）外观质量验收应符合要求。

（6）单位（子单位）工程质量验收合格应符合下列规定：

1）单位（子单位）工程所含分部（子分部）工程的质量验收全部合格。

2）质量控制资料应完整。

3）单位（子单位）工程所含分部（子分部）工程有关安全及使用功能的检测资料应完整。

4）涉及金属管道的外防腐层、钢管阴极保护系统、管道设备运行、管道位置及高程等的试验检测、抽查结果以及管道使用功能试验应符合本规范规定。

5）外观质量验收应符合要求。

（7）给水排水管道工程质量验收不合格时，应按下列规定处理：

1）经返工重做或更换管节、管件、管道设备等的验收批，应重新进行验收。

2）经有相应资质的检测单位检测鉴定能够达到设计要求的验收批，应予以验收。

3）经有相应资质的检测单位检测鉴定达不到设计要求，但经原设计单位验算认可，能够满足结构安全和使用功能要求的验收批，可予以验收。

4）经返修或加固处理的分项工程、分部（子分部）工程，改变外形尺寸但仍能满足结构安全和使用功能要求，可按技术处理方案文件和协商文件进行验收。

（8）通过返修或加固处理仍不能满足结构安全或使用功能要求的分部（子分部）工程、单位（子单位）工程，严禁验收。

（9）验收批及分项工程应由专业监理工程师组织施工项目的

技术负责人（专业质量检查员）等进行验收。

（10）分部（子分部）工程应由专业监理工程师组织施工项目质量负责人等进行验收。

对于涉及重要部位的地基基础、主体结构、非开挖管道、桥管、沉管等分部（子分部）工程，设计和勘察单位工程项目负责人、施工单位技术质量部门负责人应参加验收。

1）单位工程经施工单位自行检验合格后，应由施工单位向建设单位提出验收申请。单位工程有分包单位施工时，分包单位对所承包的工程应按本规范的规定进行验收，验收时总承包单位应派人参加；分包工程完成后，应及时地将有关资料移交总承包单位。

2）对符合竣工验收条件的单位工程，应由建设单位按规定组织验收。施工、勘察、设计、监理等单位等有关负责人以及该工程的管理或使用单位有关人员应参加验收。

3）参加验收各方对工程质量验收意见不一致时，可由工程所在地建设行政主管部门或工程质量监督机构协调解决。

4）单位工程质量验收合格后，建设单位应按规定将竣工验收报告和有关文件，报工程所在地建设行政主管部门备案。

5）工程竣工验收后，建设单位应将有关文件和技术资料归档。

# 三、热力管网的安装

## （一）室外热力管网安装

室外供热管道的平面布置，应在保证供热管道安全可靠运行前提下，尽量节省投资。其布置形式分为树枝状和环状两种，如图 3-1 所示。树枝状的优点：造价低、运行管理方便；缺点：当局部出现故障时，其后的用户供热被停止。适用于对热能供应要求不严的场合。环状避免了树枝状的缺点，但投资大，一般较少采用。

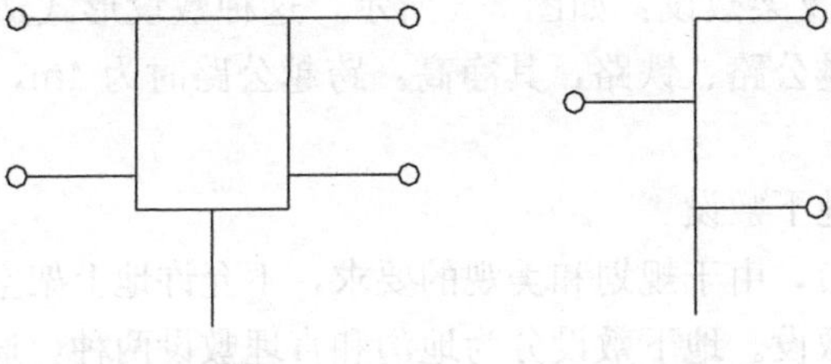


图 3-1　室外供热管道的布置形式

**1. 室外地下敷设管道的形式**

室外供热管道的敷设形式分为地上（架空）和地下两种。

（1）地上架空敷设

地上架空敷设是将管道安装在地上的独立支架或墙、柱的托架上。

这种敷设的优点：不受地下水位的影响，施工时土方量小，便于维修。缺点：占地面积大，热损耗大，保温层易损坏，影响美观。

按支架的高度不同可分为低、中、高支架三种敷设形式。

1）低支架敷设：如图 3-2 所示，这种敷设形式是管底（保温层底皮）与地面保持 0.5～1m 的净距。

2）中高支架敷设：如图 3-3 所示，这种敷设形式适用于有行人和大车通行处，其管底与地面的净距为 2.5～4m。

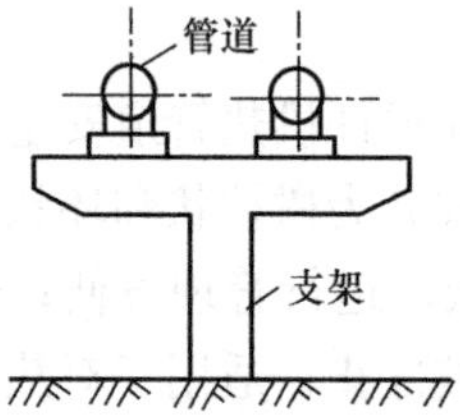


图 3-2　低支架敷设

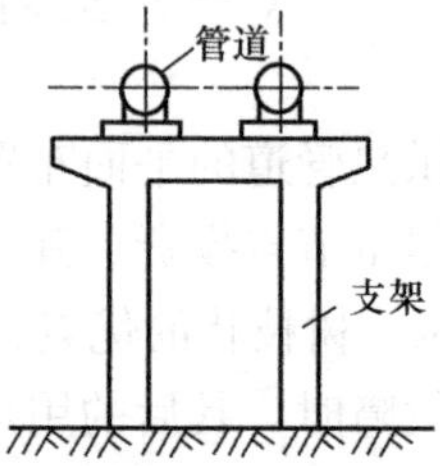


图 3-3　中高支架敷设

3）高支架敷设：如图 3-3 所示，这种敷设形式适用于交通要道或跨越公路、铁路，其净高：跨越公路时为 4m，跨越铁路时为 6m。

（2）地下敷设

在城市，由于规划和美观的要求，不允许地上架空敷设时可采取地下敷设。地下敷设分为地沟和直埋敷设两种，通常采用地沟敷设。地沟敷设又分为：通行、半通行和不通行三种。

1）通行地沟敷设：如图 3-4 所示，适用于厂区主要干线，管道根数多（一般超过 6 根）及城市主要街道下。为了检修人员能在地沟内自由行走，地沟的人行道宽＞0.7m，高≥1.8m。

2）半通行地沟敷设：如图 3-5 所示，适用于 2～3 根管道且不经常维修的干线。高度能使维修人员在沟内弯腰行走，一般净高为 1.4m，通道净宽为 0.6～0.7m。

3）不通行地沟敷设：如图 3-6 所示，适用于通常不需要维修，且管线根数在两条之内的支线。两管保温层外皮间距＞100mm，保温层外皮距沟底 120mm，距沟壁和沟盖下缘

>100mm。

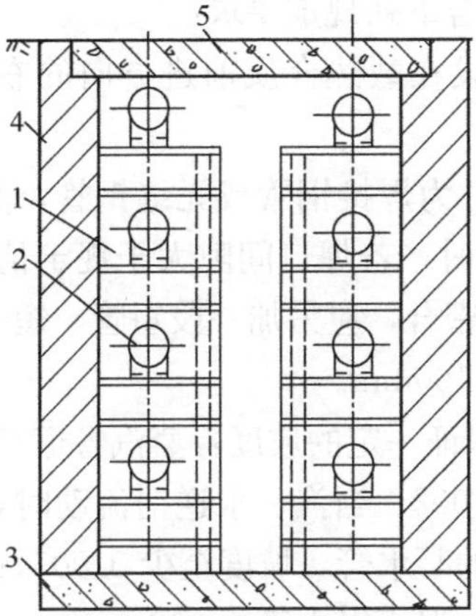


图 3-4 通行地沟敷设

1—支架；2—管道；3—沟底

4—沟壁；5—沟盖

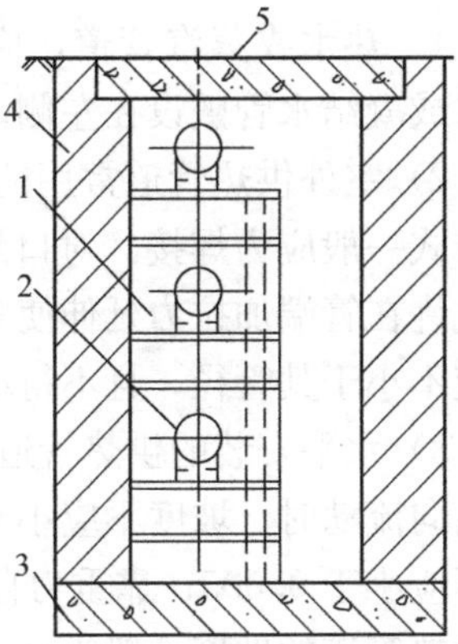


图 3-5 半通行地沟敷设

1—支架；2—管道；3—沟底

4—沟壁；5—沟盖

4）直埋敷设：如图 3-7 所示，直埋敷设是将管道直接埋在地下土层中。一般用于地下水位较低的情况，其热损耗大，防水也难处理。除了原油输送管道的蒸汽伴热管采用此种敷设形式外，均不采用直埋敷设。

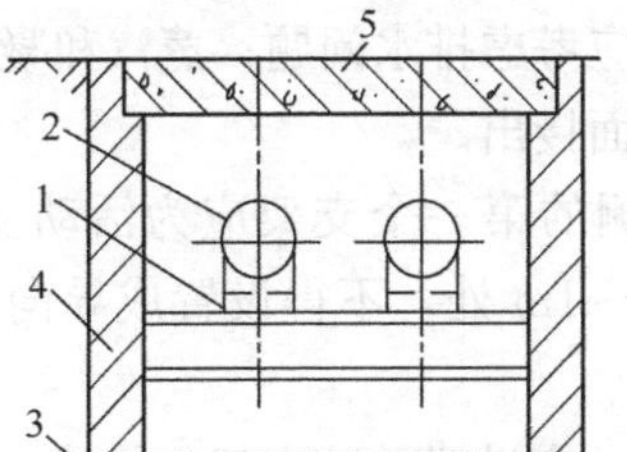


图 3-6 不通行地沟敷设

1—支架；2—管道；3—沟底；

4—沟壁；5—沟盖

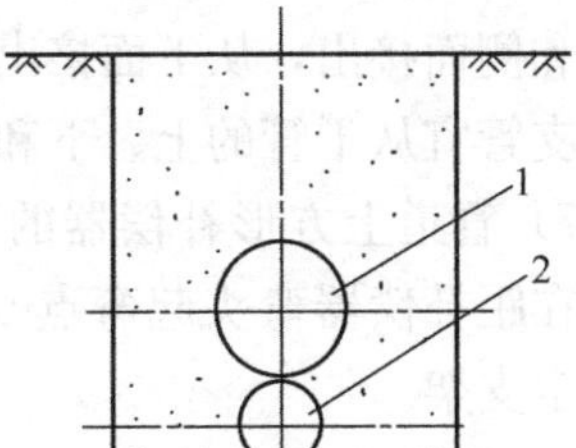


图 3-7 直埋敷设

1—原油管道；2—蒸汽伴热管

(3) 室外热力管网安装的一般要求

室外热力管网安装时，应符合下列规定要求：

1) 热水或蒸汽管道，应敷设在载热介质前进方向的右侧。回水或凝结水管敷设在左侧。

2) 室外供热管道常用的管材为焊接钢管或无缝钢管，其连接方式一般应为焊接。对口焊接时，若焊口间隙大于规定值时，不允许在管端加拉力延伸使管口密合，应另加一段短管，短管长度应不小于其管径，且不得小于100mm。

3) 水平安装的供热管道应保证一定的坡度：蒸汽管道当汽、水同向流动时，坡度不应小于0.002，当汽、水逆向流动时，坡度不应小于0.005；靠重力自流的凝水管，坡度至少0.005,；热水供热管道的坡度一般为0.003，但不得小于0.002。

4) 热力管网中，应设置排气和放水装置。排气点应设置在管网中的最高点，一般排气阀门直径选用15～25mm的。在管网的低位点设置放水装置，放水阀门的直径一般选用热水管道直径的1/10左右，但最小不应小于20mm。放水不应直接排入下水管或雨水管道内，而必须先排入集水坑。

5) 水平管道的变径宜采用偏心异径管（大小头），且大小头应取下侧平，以利排水。

6) 支管与干管的连接方式：热水管道的支管，可从干管的上下和侧面接出，从下面接出时应考虑排水问题；蒸汽和凝水管道，支管宜从干管的上、下和侧面接出。

7) 管道上方形补偿器的两侧的第一个支架应为活动支架，设置在距补偿器弯头起弯点0.5～1m处，不得设置成导向支架或固定支架。

8) 管道上 $DN \geqslant 300$ 的阀门，应设置单独支架。

9) 管道接口焊缝距支架的净距不小于150mm。卷管对焊时，其两管纵向焊缝应错开，并要求纵向焊缝侧应在同一可视方向上。

**2. 沟槽的挖掘及检查**

供热工程施工中，沟槽土方开挖可采用人工作业、机械作业或两者配合的施工方法。开挖时应按设计平面位置和设计标高进行。

（1）施工前的准备工作

沟槽开挖前应将施工区域内的所有障碍物调查清楚并确定处理方案，如地上和地下其他管道、电缆、建筑物、树木、绿地和高压线等。大型施工机具（如挖掘机及各种吊装设备等）与架空高压输电线路的安全距离应符合表3-1的规定。

**大型施工机具与架空高压输电线路的安全距离　　表3-1**

| 输电电压线路（kV） | 最小垂直安全距离（m） | 最小水平安全距离（m） | |
|---|---|---|---|
| | | 开阔地区 | 途径受限制地区 |
| <1 | 3 | 交叉：8<br>平行：设备最高位置加高3 | 3 |
| 1～10 | 4.5 | | 3.5 |
| 35 | 7.0 | | 5.0 |
| 60～110 | 7.0 | | 5.5 |
| 154～220 | 7.5 | | 6.0 |
| 330 | 8.5 | | 7.0 |

管沟开挖前应向施工人员进行交底，包括管沟断面、堆土位置、地下障碍分布情况以及施工技术要求等。交底时应注意以下几点：

1）在农田地区开挖管沟时，应将表层熟土和底层生土分层堆放。

2）沟底遇有旧构筑物、硬石、木头、垃圾等杂物时，必须清除，然后铺一层厚度不小于0.15m的砂土或素土，并整平夯实。

3）对于软弱管基及特殊腐蚀性土壤，应按设计要求处理。

4）管线距离道路较远时，应在敷设管道前修筑施工便道。施工便道应有一定的承载能力，与干线公路平稳连通。

5）开挖管沟时不可两侧抛土，应将开挖的土、石方堆放到下管的另一侧，且堆土距沟边不得小于0.5m，管沟应保持顺畅，基本符合直线要求。

6）当开挖管沟时遇到地下构筑物及其他障碍设施，应与其主管部门协商制定安全技术措施，并派人到现场监督。

（2）施工方法

城市街道下开挖沟槽，路面破除是一项艰难的作业，可采用人工或机械两种破路方法。

施工区域内建筑物、构筑物、道路、管线、电杆、树木及绿地等有碍施工的因素很多，情况复杂。在大多数情况下，要用人工开挖沟槽。当管道遇到上述障碍物时，有时不但要在平面位置绕过，而且要在立面位置绕避，经常需要设套管、管沟与隔断墙等，这就使施工变得更加困难。

管道施工需采取分段流水作业，开挖一段尽快敷设管道、回填。在敷设管道的同时要开挖下段管沟，尽量缩短每段的工期，不宜长距离开挖使管沟长期暴露。管道在沟内长期暴露会使管口腐蚀，同时，沟内流入地面水极易造成塌方、沉陷。

机械挖沟槽时，可按路面材质选择破路机械。小面积混凝土路面可使用内燃凿岩机，也可采用风镐作业，风镐操作较轻便，但需移动式空压机配套使用；大面积破除路面时，可采用汽车牵引的锤击机对路面进行锤击，沥青路面的破碎一般采用松土机或钢齿锯把路面拉碎。

挖出的土方，应做好堆土位置，在下管一侧的沟边不堆土或少堆土。土宜堆放在距离沟边0.5m以外，靠房屋、墙壁的堆土高度不得超过檐高的1/3，且不超过1.5m。结构强度较差的墙体，不得靠墙堆土。在高压线下与变压器附近堆土时，应遵循供电部门的规定，堆土不要堵、埋住消火栓、雨水口、测量标志，各种地下管道的井室以及施工用料与机具等。

雨期施工时应制定雨期施工措施，严防雨水流入沟内。同时应考虑沟侧附近建筑物的安全措施以及雨水流入沟槽内又渗入附近的地下人防、管沟中造成的危害。防止雨水流入沟槽的常用措施有：沟槽四周的堆土缺口应堆土使其闭合，必要时应在堆土外侧挖排水沟；堆土近管沟一侧的边坡应铲平拍实，避免雨水冲塌；暴雨时应组织施工人员检查，及时填土阻挡雨水流入管沟内。

(3) 管道的下管安装

管道下沟的方法，可根据管子直径及种类、沟槽情况、施工场地周围环境与施工机具等情况而定。一般来说，应采用汽车式或履带式起重机下管，当沟旁道路狭窄，周围树木、电线杆较多，管径较小时，只采用人工下管。

1）下管方式

① 集中下管。管子集中在沟边某处下到沟内，再在沟内将管子运到需要的位置。适用于管沟土质较差及有支撑的情况，或地下障碍物多，不便于分散下管时。

② 分散下管。管子沿沟边顺序排列，依次下到沟内。

③ 组合吊装。将几根管子焊成管段，然后下入沟内。

2）管道下沟前，管沟应符合以下要求

① 下沟前，应将管沟内塌方土、石块、雨水、油污和积雪等清除干净。

② 应检查管沟或涵洞深度、标高和断面尺寸，并应符合设计要求。

③ 石方段管沟，松软垫层厚度不得低于 300mm，沟底应平坦、无石块。

3）下管方法

① 起重机下管法

使用轮胎式或履带式起重机，如图 3-8 所示。

下管时，起重机沿沟槽移动，必须用专用的尼龙吊具，起吊高度以 1m 为宜。将管子起吊后，转动起重臂，使管子移至管沟上方，然后轻放至沟底。起重机的位置应与沟边保持一定距离，以免沟边土壤受压过大而塌方。管两端拴绳子，由人拉住，随时调整方向并防止管子摆动，严禁损伤防腐层。吊管间距应符合表

图 3-8　履带式起重机下管

3-2 的要求。

**不同管径吊管间距　　　　表 3-2**

| 管外径（mm） | 1220 | 1020 | 920 | 820 | 720 | 630 | 529 | 478 | 426 | 377 |
|---|---|---|---|---|---|---|---|---|---|---|
| 允许间距（m） | 32 | 29 | 27 | 25 | 23 | 21 | 19 | 18 | 17 | 16 |
| 管外径（mm） | 351 | 325 | 299 | 273 | 245 | 219 | 168 | 159 | 114 | 108 |
| 允许间距（m） | 15 | 15 | 14 | 13 | 12 | 11 | 9 | 8 | 6 | 6 |

管子外径大于或等于 529mm 的管道，下沟时，应使用 3 台吊管机同时吊装。直径小于 529mm 的管道下沟时，吊管机不应少于两台。

管道施工中，应尽可能减少管道受力。吊装时，尽量减少管道弯曲，以防管道与保护层裂纹。管子应妥帖地安放在管沟中，以防管子承受附加应力。

管道应放置在管沟中心，其允许偏差不得大于 100mm。移动管道使用的撬棍或滚杆应外套胶管，以保护保护层不受损伤。

② 人工下管法

A. 压绳下管法。在管子两端各套 1 根大绳（绳子的粗细由管子的重量决定），借助工具控制，徐徐放松绳子，使管子沿沟壁或靠沟壁位置的滚杆慢慢滚入沟内。有保护层的管子使用此法时，应在管下铺表面光滑的木板或外套橡胶管的滚杆，再用外套橡胶管的撬棍将管子移至沟边，在沟壁斜靠滚杆，用两根大绳在两侧管端 1/4 处从沟底过，在管边土壤中打入撬杠或立管将绳子缠在撬杠或立管上两、三圈，人工拉住绳子，撬动管子，逐步放松绳子，使管子徐徐沿沟壁的滚杆落入沟中。沟底不得有砖头、石块等硬物，不得将管子跌入沟中。如图 3-9 所示。

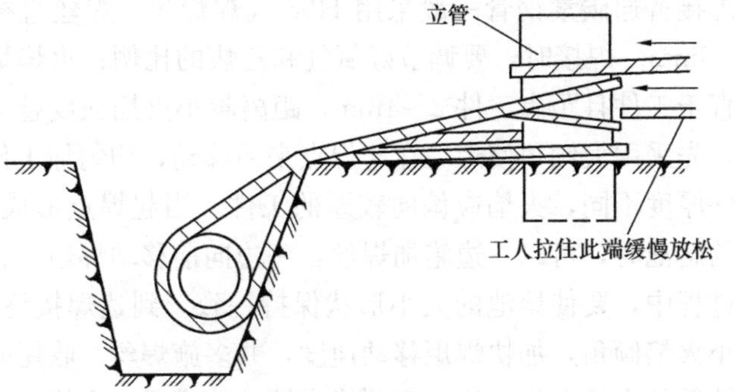


图 3-9　竖管法压绳

B. 塔架下管法。利用压绳装在塔架上的复式滑车、导链等设备进行下管，先将管子在滚杆上滚至架下横跨沟槽的跳板上，然后将管子吊起，撤掉跳板后，将管子下到槽内。塔架数量由管径和管段长度而定。间距不应过大，以防损坏管子及保护层。

（4） 管道的焊接

管子焊接是将管子接口处及焊条加热，达到金属熔化的状态，而使两个被焊件连接成一整体。安装工程中常用的焊接方法有手工电弧焊和气焊。对于不锈钢管、合金钢管和有色金属管常使用手工钨极氩弧焊。焊接具有以下优点：

1）接口牢固严密，焊接强度一般达到管子强度的 85%以上，甚至超过母材强度。

2）焊接系管段间直接连接，构造简单，管路美观整齐，节省大量定型管件。

3）焊口严密，不用填料，减少维修工作。

4）焊口不受管径限制，速度快。

① 气焊

气焊是用氧气-乙炔进行焊接。除了焊炬不同，气焊的其他装置与气割相同。焊炬是将氧气和乙炔按一定的比例混合，以一定速度喷出燃烧，产生3100～3300℃的火焰，以熔化金属，进行焊接。

焊接普通碳素钢管一般采用H08气焊焊丝，焊丝直径一般为2～3mm。焊接时，要调节好氧气和乙炔的比例；火焰焰心末端垂直于工件且距离工件2～4mm，距离越小火焰强度越大。起焊时，先采用大倾角使焊炬在起焊点来回移动，均匀加工件，若两工件厚度不同，火焰应偏向较厚的工件。当起焊点形成亮白、清晰的熔池时，可以一边施加焊丝，一边向前移动焊炬。在整个焊接过程中，要使熔池的大小形状保持一致。到达焊接终点时，应减小火焰倾角，加快焊炬移动速度，并多施焊丝。收尾时可用温度较低的火焰保护熔池，直到终点熔池填满后，火焰才可慢慢离开熔池。焊接过程应尽量减少停顿，若有停顿，重新施焊时应先将原熔池和靠近熔池的焊缝融化，形成新熔池后再加入焊丝，每次续焊应与前焊缝重叠8～10mm。

焊炬点火前检查乙炔气流动情况时，应用手放到焊嘴去感觉，不要用鼻子去闻，以防中毒或窒息。焊炬点火时，应先打开氧气阀，再开乙炔阀；熄火时应先关乙炔阀，再关氧气阀；点火应从焊嘴的侧面点，以防正面火焰喷出烧手。

② 电弧焊

电弧焊接可分为自动电弧焊接和手动电弧焊接两种方式，大直径管口焊接一般采用自动焊接，安装工程施工多用手工电弧焊。手工电弧焊接采用直流电焊机或交流电焊机均可。用直流电焊接时电流稳定，焊接质量较好，但往往由于施工现场只有交流电源，为使用方便，故现场焊接一般采用交流电焊机。

手工电弧焊主要设备是电焊机。交流电弧焊机由变压器、电流调节器及振荡器等部件组成。因为常用的电源电压为220V或380V，为保障人身安全，焊接必须采用安全电压，电焊变压器是将电源电压降低为55～65V安全电压，供焊接使用。通过电流调节器调节焊接电流，适应厚度不同的被焊工件。电流大小和焊条粗细有关，选用参看表3-3。振荡器用以提高电流的频率，将电源的频率由50Hz提高到250000Hz，使交流电的交变间隔趋于无限小，增强电弧的稳定性，以利焊接和提高焊缝质量。

**酸性焊条的焊接电流　　表3-3**

| 焊条直径(mm) | 1.6 | 2 | 2.5 | 3.2 | 4 | 5 | 5.8 |
|---|---|---|---|---|---|---|---|
| 电流（A） | 25～40 | 40～70 | 70～90 | 90～130 | 160～210 | 220～270 | 260～310 |

钢管焊接中使用的其他工具和用具还有焊接软线、焊钳、面罩、清理工具和劳动保护用品等。焊接软线一条由电焊机引出，搭接在需要焊接的管子上，另一条连接电焊机和焊钳，当焊钳与管子接触或起弧后，低压电流通过焊接软线形成回路。焊钳用于夹持焊条，由焊工把持焊钳运动控制焊接过程。电弧光中有强烈的紫外线，对人的眼睛及皮肤有损害。焊接人员要注意防护电弧光对人体的照射，电焊操作必须带上防护面罩和手套。清理工具有手锤、钢刷和打磨机等，用于清理焊渣。

③ 电、气焊接方法选用

当电焊和气焊对钢管的金属化学结构、焊料质量和焊接技术等方面均符合要求时，两种焊法可任选，但电焊较为经济和速度快。采暖、供热及冷水管路的管径≤50mm，壁厚≤3.5mm时常用气焊。管径＞65mm和壁厚＞4mm或高压管路系统的管子应采用电焊。在室内或地沟中管道较密集处，电焊钳不便深入操作时，可以用气焊。需要仰焊的接口，用电焊比气焊操作方便。在防止焊接变形方面电焊较好。总之，采用电焊或气焊应当根据当时当地的具体条件选用或两种方法配合使用。

④ 管子焊接质量要求和检查

A. 焊接质量要求

管子焊接的基本要求是除了焊接的外观、严密性及强度符合要求外，焊接对口的管子中心要对齐，两根管子的倾斜角度不超过规定要求。具体要求如下：

a）施焊前要将两根管子找正，做到内壁齐平。

b）公称直径≥150mm 的直管道上两个平行焊缝的距离不小于 150mm，公称直径<150mm 时，不小于管子直径；焊缝距离弯管起弯点不得小于 100mm，且不得小于管子直径。

c）环形焊缝距支、吊架净距不应小于 50mm；需热处理的焊缝距支、吊架距离不得小于焊缝宽度的 5 倍，且不得小于 100mm。

d）卷制管道的纵焊缝应置于易检修的位置，且不宜在底部；有加固环的卷管，对接焊缝应与管子纵向焊缝错开，间距应大于 100mm 加固环焊缝距环形焊缝不应小于 50mm。

e）除了优质碳素钢管焊接环境温度最低可达－20℃，其他碳素钢管和合金钢管焊接环境温度不能低于－10℃。

B. 焊接质量检查

焊接质量检查包括焊前检查、施焊过程检查和焊后检查。焊前检查包括检查母材和焊接材料质量；检查焊接设备、仪表等；检查坡口和表面处理情况；以及操作人员技术水平和焊接工艺文件等内容的检查。施焊过程检查是指检查预热、焊接和焊后热处理工艺；焊接设备的运行状况以及焊接结构尺寸和焊缝尺寸。焊后检查包括外观检查和焊缝内部缺陷检查。外观检查是通过肉眼、放大镜和焊缝检测器等检测焊缝表面的裂纹、气孔、咬边、焊瘤、烧穿和尺寸偏差等。焊缝内部缺陷检查要采用 X 射线探伤、γ 射线探伤、超声波探伤、磁粉探伤和渗透探伤等无损探伤方式检查。此外对于压力管道还要进行水压试验或气压试验检验焊缝的承压能力和严密性。

## （二）补偿器种类与安装

管道安装时周围环境温度一般与管道运行时输送介质温度相差较大，且运行时管道周围的环境温度与安装管道时的环境温度也不尽相同，这样必将引起管道长度和直径相应的（膨胀或缩小）变化。为使因温度变化所产生的热应力不超过管材的允许应力，保证管道的正常运行，必须在管路固定支架间设置管道补偿器，用以补偿热膨胀量，减小热应力，确保管道自由伸缩。管道热膨胀时的伸长量可用下式计算：

$$\Delta l = \alpha L(t_2 - t_1) \tag{3-1}$$

式中：$\Delta l$ ——管道热伸长量，(mm)；

$\alpha$ ——管子的膨胀系数，$\alpha$=0.012mm/（m·℃）；

$L$ ——管道的计算长度，m；

$t_2$ ——管内输送介质的最高温度，℃；

$t_1$ ——管道安装时周围环境温度，℃。

管道设计时，要确定管道安装周围环境温度是比较困难的。为确保管道在最不利情况下也能正常运行，对采暖地区，可采用室外采暖计算温度；在非采暖地区，按最冷月平均温度计算。

管道补偿器分为自然补偿器和专用补偿器两大类。自然补偿器是利用管路的几何形状所具有的弹性来补偿热膨胀，其形式有L型和Z型两种。专用补偿器是专门设置在管路上补偿变形的装置，有方形补偿器、套管式补偿器、波纹管补偿器和球型补偿器等多种。下面介绍专用补偿器的安装。

**1. 套管补偿器安装**

套管式补偿器又称填料套筒式补偿器，有铸铁的钢质两种。铸铁式的用法兰与管道连接，只能用于 $P_t \leqslant 1.3$MPa、$DN \leqslant 300$ 的管道系统。钢质式的有单向和双向两种形式，如图 3-10 和图

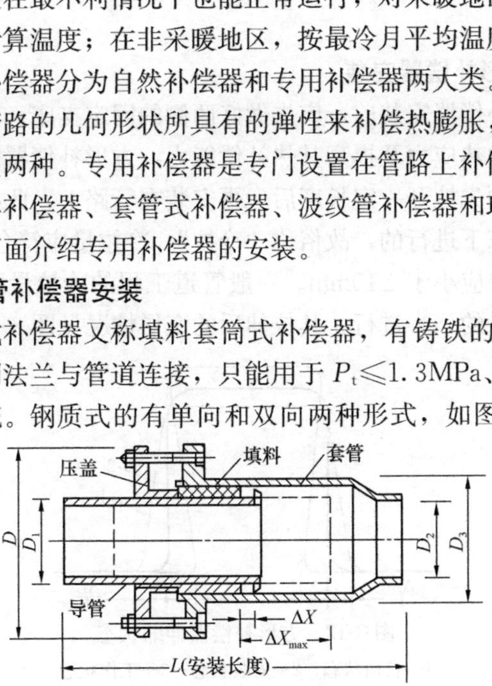


图 3-10　套管补偿器图

3-11 所示。钢质套管式补偿器可用于 $P_t \leqslant 1.6$MPa 的蒸汽或其他管道系统。

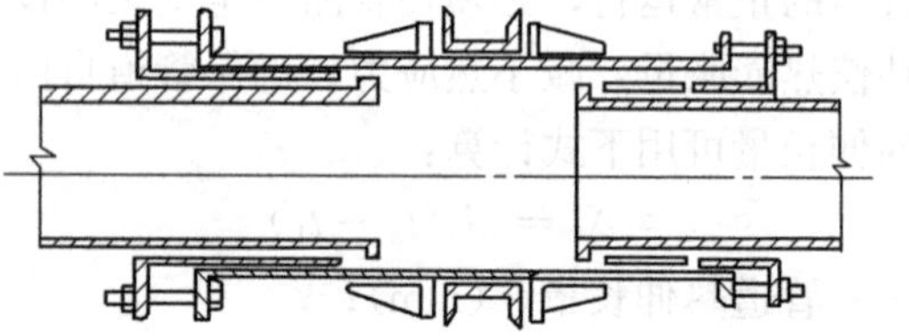

图 3-11　双向补偿器

安装套管式补偿器时，常使管芯成为活动部分，套筒则固定在固定支架上。为保证套筒与管芯间的严密性，其间隙一般填充用石棉绳制的、浸泡过黑铅油的方形盘根。盘根不应整根绕成螺旋状填塞，而是做成有 30°接合斜角的盘根环，分层错开接合打入。

**2. 方形补偿器安装**

方形补偿器安装前，应先做好两侧的固定支座。为减小补偿器工作时的热应力及提高其热补偿能力，方形补偿器安装时，须将外伸臂预先拉开一定长度后，再安装在管路上，此拉伸过程是在常温状态下进行的，故俗称“冷拉”。冷拉量应符合设计要求，其允许偏差应小于±10mm。一般管道工程的冷拉量可按计算管段热伸长量的一半进行。其拉伸后的变形情况见图 3-12 所示。

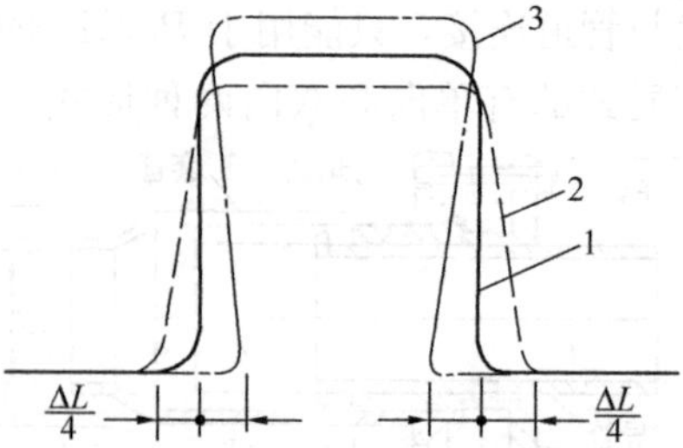


图 3-12　方形补偿器伸缩状态

1—自由状态；2—安装状态；3—工作状态

冷拉焊口一般选在距补偿器弯曲起点 2～2.5m 处。常用的冷拉工具有撑拉螺丝杆、拉管器和花篮螺栓简易拉管工具。使用撑拉螺丝杆拉伸时，如图 3-13 所示，将它安装在补偿器的两伸长臂下部弯管起弯点处，旋动螺母 3 使其顺螺杆 4 前进或后退，就能使补偿器的两臂受到压缩或拉伸。待管道两接口对齐后，即可进行点焊、施焊。若拉伸工具不影响焊接，可对管接口直接施焊。

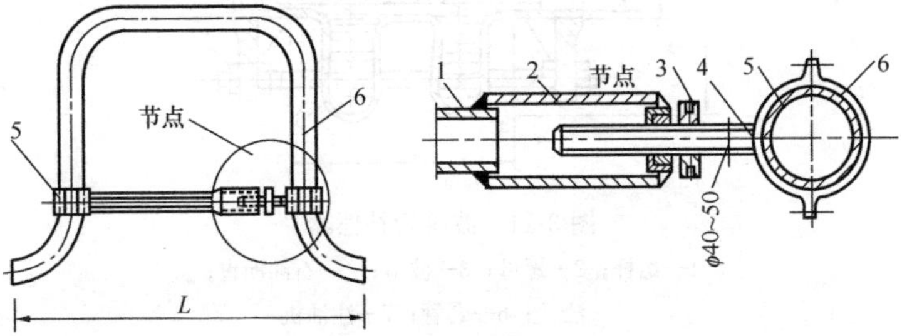


图 3-13　撑拉补偿器用的螺丝杆

1—撑杆；2—短管；3—螺母；4—螺杆；5—夹圈；6—补偿器的管段

方形补偿器按设计要求，可水平安装，也可垂直安装。水平安装时，方形补偿器平面的坡度及坡向应与管道相同。垂直安装时，最高点应设置排气装置，最低点应设置放水装置；热媒为蒸汽时，在最低点设疏水装置。

**3. 波纹管补偿器安装**

波纹管补偿器，是利用波纹管所具有的伸缩性来补偿供热管道热伸长的构件，如图 3-14 所示。

波纹管是用薄壁不锈钢钢板通过液压或辊压而制成波纹形状，然后与端管、内套管及法兰组对焊接而成补偿器。波纹的形状有 U 形和 Ω 形两种。波纹管补偿器用于管径不大的低压供热管道上。

波纹管补偿器都是用法兰连接，为避免补偿时产生的振动使螺栓松动，螺栓两端可加弹簧垫圈。波纹管补偿器一般为水平安装，其轴线应与管道轴线重合。可以单个安装，也可以两个以上

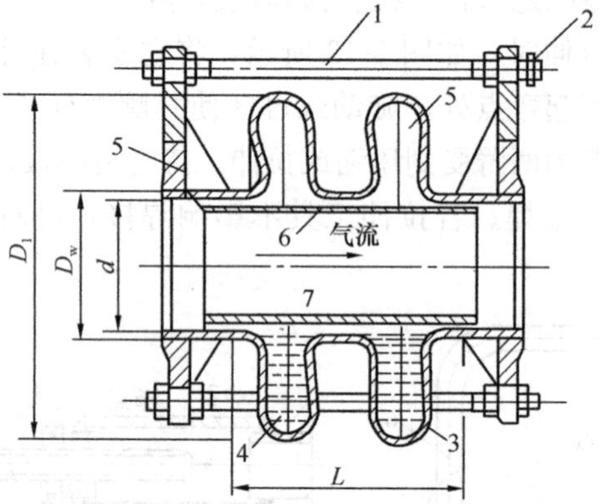


图 3-14　波纹管补偿器

1—螺杆；2—螺母；3—波节；4—石油沥青；
5—法兰；6—套管；7—注油机

串联组合安装。单独安装（不紧连阀门）时，应在补偿器两端设导向支架，使补偿器在运行时仅沿轴向运动，而不会径向移动。安装在地下时应砌筑井室加以保护，如图 3-15 所示。对于波纹补偿器为防止重力弯曲，故设置三根螺杆增强其刚性，安装时螺杆上的螺帽位置不应阻碍管子热胀冷缩。

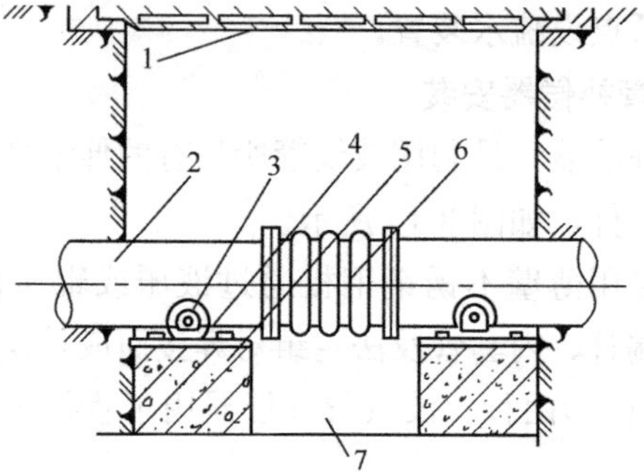


图 3-15　地下管道波纹管安装示意图

1—闸井盖；2—地下管道；3—滑轮组；4—预埋钢板；
5—钢筋混凝土基础；6—波纹管；7—集水坑

## （三）管件的制作

在管道安装工程中，管道在弯曲、变径、分流、合流等处需要相应的管配件，例如弯头、变径管和三通管等管件。这些管件有些可以直接买标准件；有些是非标准件，需要在现场制作。

**1. 加工前的检查**

各种管材由于制造、装卸、运输或堆放不当，会出现裂纹、夹渣、重皮、弯曲、破裂、凹陷等缺陷，不仅影响使用和外观，也给加工和安装带来困难，因此在加工安装前，必须逐根进行检查。

（1）中、低压钢管的检验

1）必须有出厂合格证明书，否则应补充全部或部分所缺项目的试验，其指标应符合国家和行业标准，以示对产品质量负法律责任。

2）在加工安装前，应按设计使用要求核对材质、规格和型号，核对无误后方可施工，如果与设计使用要求有出入，必须取得设计部门的同意和认可，并发给正式的变更文件，方可施工。

3）管道外径及壁厚的偏差应符合国家和行业标准。

4）对管道应逐根进行外观检查，其表面要求达到：

a）无裂纹、缩孔、夹渣、重皮、斑纹和结疤等缺陷。

b）不得有超过壁厚负偏差的锈蚀或凹陷。

c）螺纹密封面良好，精度达到制造标准。

d）除奥氏体不锈钢外，管道的工作温度或环境温度低于−20℃的钢管和钢管制品，应有低温冲击韧性试验报告，否则，应按《金属低温冲击韧性试验法》的规定进行试验，其指标不应低于规定数值。

5）对耐腐蚀的不锈钢管，如产品说明书上未注明晶间腐蚀试验结果时，一般应按《金属和合金的腐蚀不锈钢晶间腐蚀试验方法》GB/T 4334—2008 的“B”法进行补充试验；

6）钢板卷管的质量检验应符合下列要求：

a）卷管直径大于600mm时，允许有两道纵向焊缝，两道焊缝间距应大于300mm。

b）卷管对接纵缝的错边量不应超过壁厚的10%，且不大于1mm。

c）卷管的周长偏差及椭圆度应符合表3-4的规定。

d）卷管端面与中心线的垂直偏差不应大于管道外径的1%，且不大于3mm。

**卷管周长偏差及椭圆度规定（mm）　　表3-4**

| 公称直径 | <800 | 800～1200 | 1300～1600 | 1700～2400 | 2600～3000 | >3000 |
|---|---|---|---|---|---|---|
| 周长偏差 | ±5 | ±7 | ±9 | ±11 | ±13 | ±15 |
| 椭圆度 | 外径的1%且≤4 | ≤4 | ≤6 | ≤8 | ≤9 | ≤10 |

（2）高压钢管的检验

1）高压用钢管必须按国家或行业标准验收，验收应分批进行，每批钢管应是同规格、同炉号、同热处理条件。

2）高压钢管应有出厂合格证明书，证明书上应注明：供需方名称代号、合同号、炉罐号、批号、钢号品种名称及尺寸、化学成分、试验结果（包括参考性指标）、标准编号等。

外径大于35mm的高压钢管，应有代表钢种的油漆颜色、钢号、炉罐号、标准编号和制造厂的印记。

外径小于35mm成捆供货的高压钢管，应有标牌，标牌上应注明上述事项。

3）在检验高压钢管时，如遇有下列情况之一，应进行校验性检查：

a）证明书与到货钢管的钢号或炉号不符。

b）钢管或标牌上无钢号、炉罐号。

c）证明书上的化学成分或力学性能不全时，要对所缺项目作补充试验。

4）高压钢管校验性检查应按下列规定进行：

a）全部钢管应逐根测量管道外径、壁厚和长度，其尺寸应符合有关标准。

b）全部钢管应逐根编号并检查硬度。

c）从每批钢管中选出硬度最高和最低各一根，每根制备5各试样，其中：拉力试验两个，冲击试验两个，压扁或冷弯试验一个，试验方法和评定标准应遵守国家有关规定。

d）从做力学性能试验的钢管或试样上取样做化学分析。

5）高压钢管应按下列规定进行无损探伤：

a）无制造厂探伤合格证时，应逐根进行探伤。

b）虽有探伤合格证，但经外观检查发现有缺陷时，应抽查10%进行探伤。如仍有不合格者，则应逐根进行探伤。

c）高压钢管公称直径 $DN \leqslant 6$ 时，一般用磁力、荧光、看色等方法探伤；公称直径 $DN > 6$ 时，除上述方法外，还应按《无缝钢管超声波探伤检验方法》GB/T 5777—2008 的要求，进行内部及内表面的探伤。

**2. 管子的切割**

一般情况下，管子是按标准长度供应的，在管路安装时，需要根据设计和安装要求，要将管子切割成管段。为保证后续加工的质量，要求管子切割时必须按下料尺寸准确切割；切口要求平整，无裂纹、重皮、毛刺、凹凸、缩口、熔渣、氧化物和铁屑等，切口断面与管子轴心线要垂直，倾斜偏差Δ（见图3-16）不应大于管子外径的1%，且不超过3mm。

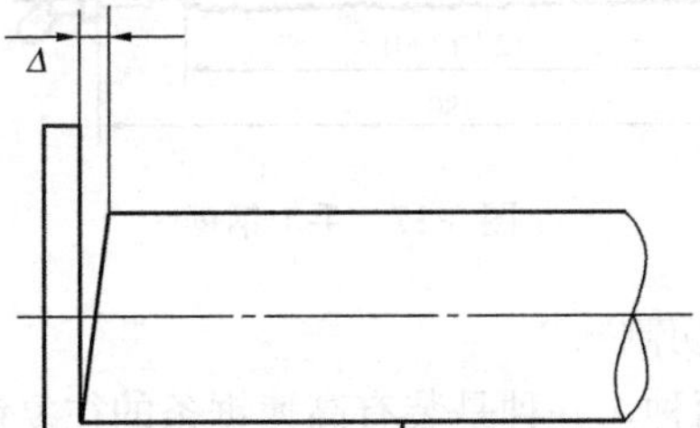


图3-16　管子切口断面倾斜偏差

管子切割方法有手工切割、机械切割、气割切割和等离子切割等。手工切割依靠人力操作切割机具切割钢管，主要用于施工现场小管径切割；机械切割采用机械力驱动切割机，在加工厂里管子切割可采用中大型切割机，在安装工地宜用小型切割机具；气割法是利用气体燃烧产生的热量熔化金属并将熔渣吹落，使用灵活方便，适用于中大型钢管切割；等离子切割是由电弧产生的高温等离子流熔化金属。

（1）小型切管机切割

安装工程常用的小型切管机具有钢锯、滚刀切管器和砂轮切割机，它们的工作原理及操作方法如下：

1）手工切割钢锯

手工钢锯切割是工地上广泛应用的管子切割方法。钢锯由锯弓和锯条两部分构成（见图 3-17)。锯弓前部可旋转、伸缩，方便锯条安装，后部的拉紧螺栓用于拉紧、固定锯条。锯条分细齿和粗齿，前者锯齿低、齿距小、进刀量小，与管子接触的锯齿多，不易卡齿，用于锯切材质较硬的薄壁金属管子；后者锯齿高、齿距大，适用厚壁有色金属管道、熟料管道或一般管径的钢管锯切。使用钢锯切割管子时，锯条平面必须始终与管子垂直，以保证端面平整。

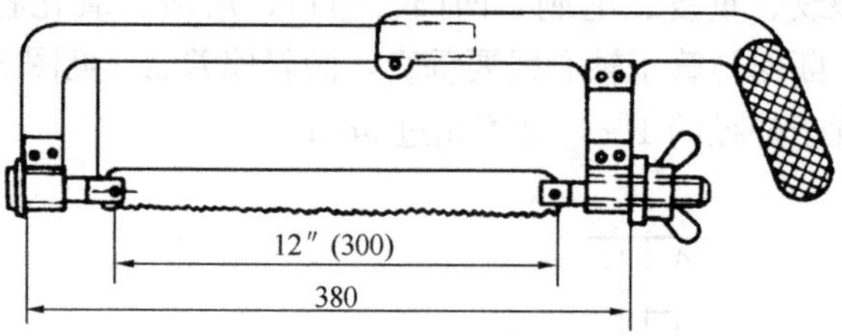


图 3-17　手工钢锯

2）机械锯切割

机械锯有两种，一种是装有高速锯条的往复锯弓锯床，可以切割直径小于 220mm 的各种金属管和熟料管；另一种是圆盘式机械锯，锯齿间隙较大，适用于有色金属管和熟料管切割。使用机械锯时，要将管子放平稳并夹紧，锯切前先开锯空转几次；管子快锯完时，适当降低速度，以防管子突然落地伤人。

3）滚刀切割器切割

滚刀切割器（见图 3-18）由滚刀、刀架和手柄组成，适用于管径小于 100mm 的钢管。切割时，用压力钳将管子固定好，然后将切割器刀刃与管子切割线对齐，管子置于两个滚轮和一个滚刀之间，拧动手柄，使滚轮夹紧管子，然后进刀边沿管壁旋转，将管子切割。滚刀切割器切割钢管速度快，切口平整，但会产生缩口，必须用绞刀刮平缩口部分。

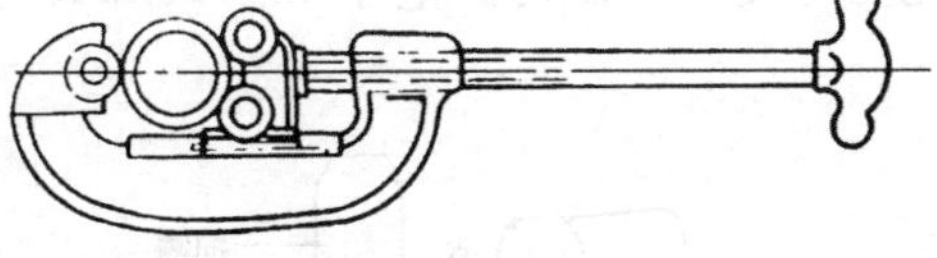

图 3-18　管道切割器

4）砂轮切割机切割

砂轮切割机（见图 3-19）切管是利用高速旋转的砂轮片与管壁接触摩擦切削，将管壁磨透切割。砂轮切割机切割速度快、移动方便、省时省力。但噪声大，切口有毛刺。砂轮切割机能切割管径小于 150mm 的管子，特别适合高压管和不锈钢管，也可用于切割角钢、圆钢等各种型钢。

图 3-19　砂轮切割机

（2）氧气-乙炔焰切割

氧气-乙炔焰切割是利用氧气和乙炔气混合燃烧产生的高温火焰加热管壁，烧至钢材呈黄红色（1100～1150℃），然后喷射高压氧气，使高温的金属在纯氧中燃烧生成金属氧化物熔渣，又被高压氧气吹开，割断管子。氧气-乙炔焰切割有手工氧气-乙炔焰割断和机械氧气-乙炔焰切割机割断两种。

氧气-乙炔切割操作方便、使用灵活，效率高、成本低，适用于各种管径的钢管、低合金管、铅管和各种型钢的切割，一般不用于不锈钢管、高压管和钢管的切割，切割不锈钢管和耐热钢管可以采用氧溶剂切割机，不锈钢管也可用空气电弧切割机切割。

（3）大型机械切割机切割

大直径钢管除用氧气-乙炔切割外，可以采用机械切割，可以切割管径 75～600mm 的钢管。图 3-20 为一种三角定位大管径切割机，这种切割机较为轻便，对埋于地下管路或其他管网的长管中间切割尤为方便，可以切割壁厚 12～20mm、直径 600mm 以下的钢管。

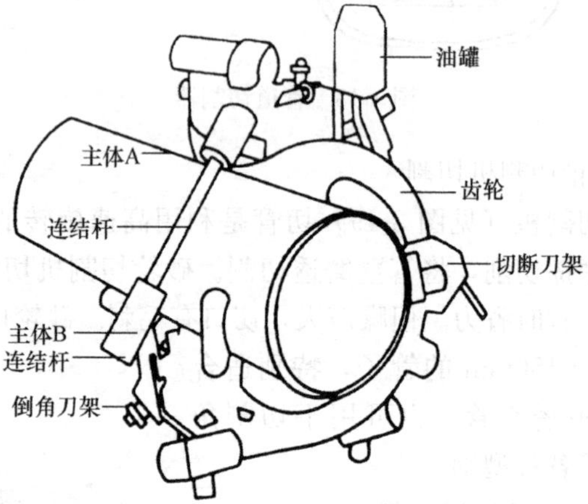


图 3-20　大管径切割机

**3. 管子弯曲**

在安装工程中，对于钢管管道系统转向的处理方法有两种方法：一是制作弯管管件，用管件连接；另一种是直接进行弯曲。弯管加工的方法适用于现场加工各种角度的弯管，如 45°和 90°弯、乙字型弯、抱弯、方形补偿器等。

（1）弯管质量要求

管子弯曲后的质量应符合以下要求：

1）弯曲均匀，不得有裂纹、分层、过烧等缺陷，不宜有折皱。

2）弯管任一截面上的最大外径与最小外径差应符合表3-5的规定。

**弯管最大外径与最小外径差　　表3-5**

| 管子类别 | 最大外径与最小外径差 |
|---|---|
| 输送剧毒流体或设计压力≥10MPa的钢管 | 为制作弯管前管子外径的5% |
| 输送剧毒流体以外或设计压力<10MPa的钢管 | 为制作弯管前管子外径的8% |
| 钛管、铜合金管、铝合金管等 | 为制作弯管前管子外径的8% |
| 铜管、铝管 | 为制作弯管前管子外径的9% |
| 铅管 | 为制作弯管前管子外径的10% |

3）输送剧毒流体或设计压力≥10MPa的弯管，成型弯管前、后管壁厚度之差，不得超过制作弯管前管子壁厚的10%；其他弯管，成型弯管前、后管壁厚度之差，不得超过制作弯管前管子壁厚的15%，且不得小于管子的设计厚度。

4）输送剧毒流体或设计压力≥10MPa的弯管，管端中心偏差Δ（图3-21）不得超过1.5mm/m，当长度$L$超过3m时，其偏差不得超过5mm；其他弯管，管端中心偏差Δ不得超过3mm/m，当长度$L$超过3m时，其偏差不得超过10mm。

（2）钢管冷弯法

钢管冷弯法是指钢管不加热，在常温下进行弯曲加工。冷弯法有手工冷弯和机械冷弯两种。

1）手工冷弯法

① 弯管板冷弯

冷弯最简便的方法是弯管板煨弯（图3-22）。弯管板可用厚度30～40mm、宽250～300mm、长150mm左右的硬质木板制成。板上按照需煨弯的管子外径开圆孔，煨弯时将管子插入孔

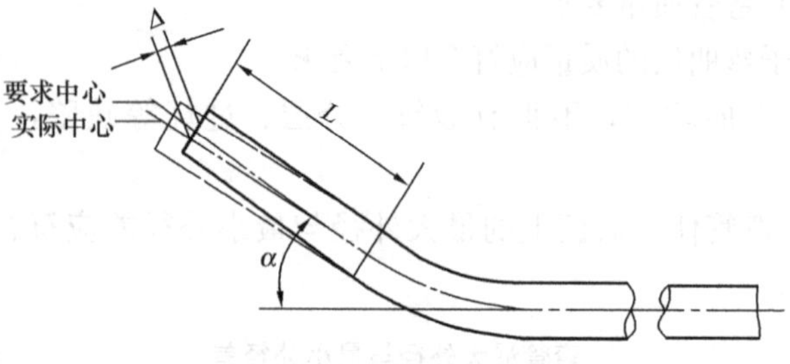


图 3-21　弯管角度及管中心偏差

中，加上套管作为杠杆，以人工施力压弯。

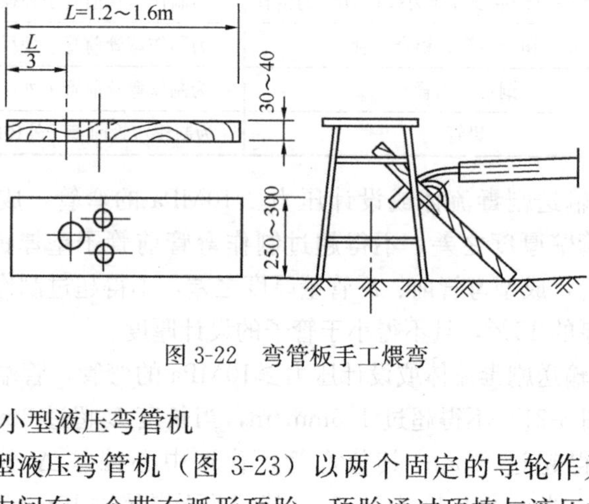


图 3-22　弯管板手工煨弯

② 小型液压弯管机

小型液压弯管机（图 3-23）以两个固定的导轮作为支点，两导轮中间有一个带有弧形顶胎，顶胎通过顶棒与液压机连接。

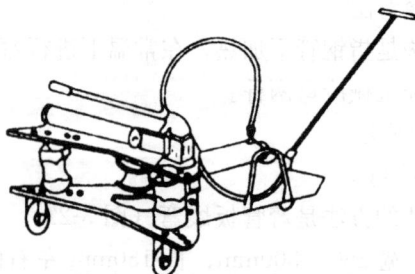

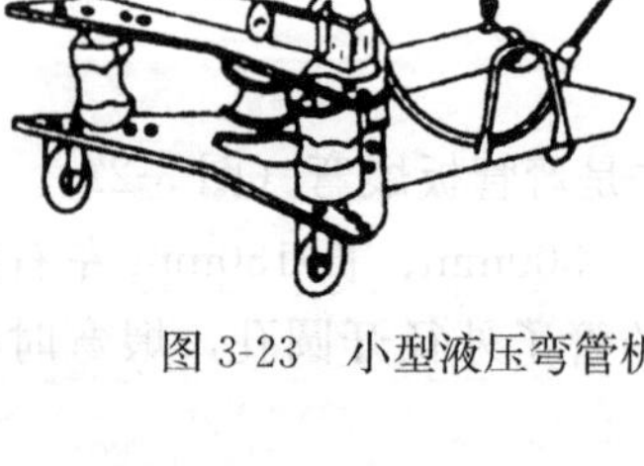

图 3-23　小型液压弯管机

弯管时，将要弯曲的管段放入导轮和顶胎之间，采用手动油泵向液压机打压，液压机推动顶棒使管子受力弯曲。小型液压弯管机弯管范围为管径 15～40mm，适合施工现场安装采用。

2）机械冷弯法

管径大于 25mm 的钢管一般采用机械弯管机。机械弯管的弯管原理有固定导轮弯管（图 3-24）和转动导轮弯管（图 3-25）。前者导轮位置不变，管子套入夹圈内，由导轮和压紧导轮夹紧，随管子向前移动，导轮沿固定圆心转动，管子被弯曲。后者在弯管过程导轮一边转动，一边向下移动。

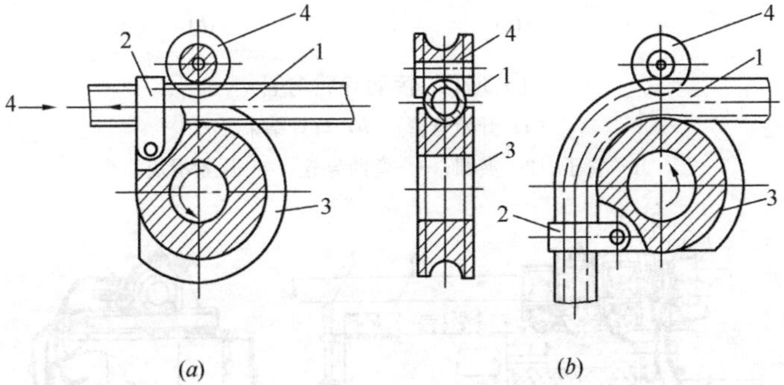


图 3-24 固定导轮弯管图

（a）开始弯管；（b）弯管结束

1—管子；2—夹圈；3—导轮；4—压紧导轮

（3）钢管机械热煨弯

热煨弯加热温度一般控制在 800～950℃，此时钢管机械强度低、塑性状态良好，管壁材质变软但尚未熔化，还能保持原形状。机械热煨弯有火焰弯管机和中频弯管机煨弯两种。

1）火焰弯管机

火焰弯管机是对管子需要弯曲部分分段加热煨弯。当火焰将管子加热到 900℃左右时，对红带进行煨弯，煨弯后立刻喷水冷却，使煨弯控制在红带以内。这样加热、煨弯连续进行，直至达到所需的弯曲角度。火焰弯管机外形和构造如图 3-26 所示。

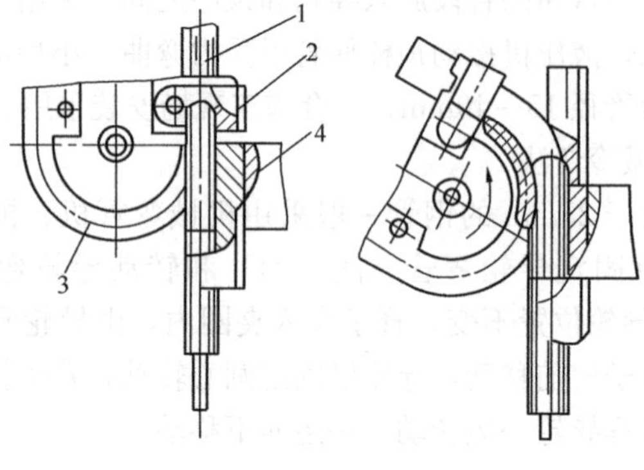


图 3-25 转动导轮弯管

（a）开始弯管；（b）弯管结束

1—管子；2—夹圈；3—弯曲导轮；4—压紧滑块

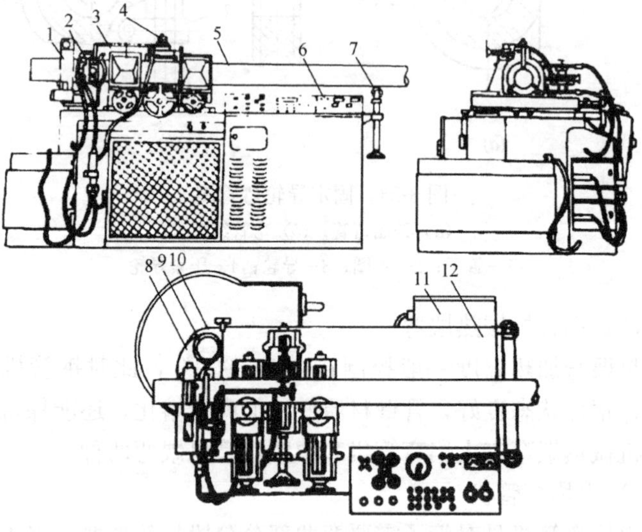


图 3-26 火焰弯管机

1—管子夹头；2—火圈；3—中心架；4—固定导轮；

5—管子；6—操作台；7—托架；8—横臂；9—主轴；

10—水槽；11—电控箱；12—台面

加热用氧气量较大，可用多瓶氧气并联，氧气经减压装置降压至0.3～0.5MPa后供使用；乙炔可采用中压乙炔发生器，压力0.05～0.2MPa，乙炔气必须采用安全防回火装置。冷却水压力0.2～0.3MPa，一般需设水泵、储水箱和加压水箱供应冷却水。

2）中频弯管机

中频弯管机（图3-27）基本构造与火焰弯管机相同，有所不同的是利用电感应圈代替火圈加热。50Hz的交流电经过变频器或可控硅发生器变换为2500Hz的中频电流，中频电流在感应圈对应的管段中产生感应涡流，感应圈中的交变频率越高，管段中的感应涡流电流就越大。由于管材的电阻较大，使电能转换成热能，使感应圈内的管段受热，产生高温红带，方便煨弯。

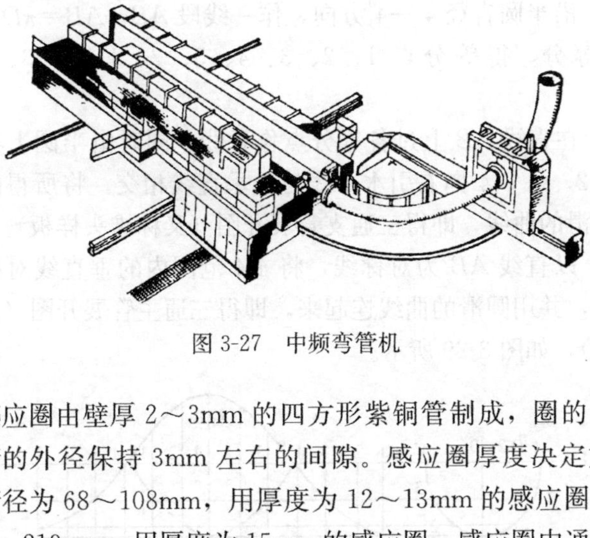

图3-27　中频弯管机

感应圈由壁厚2～3mm的四方形紫铜管制成，圈的内径和煨弯管的外径保持3mm左右的间隙。感应圈厚度决定加热宽度，管径为68～108mm，用厚度为12～13mm的感应圈；管径为133～219mm，用厚度为15mm的感应圈。感应圈中通入冷却水，经水孔喷淋冷却已煨弯的红带，水孔直径1mm，孔距8mm，喷水角度45°，加热红带宽度约15～20mm。管子一边前进，一边被逐步加热、弯曲和喷水冷却。

（4）三通、虾米弯的制作

1）焊接三通

① 正交同径三通的展开及制作

图 3-28 是正交同径三通的立体图和投影图，其展开图的步骤、方法如下。

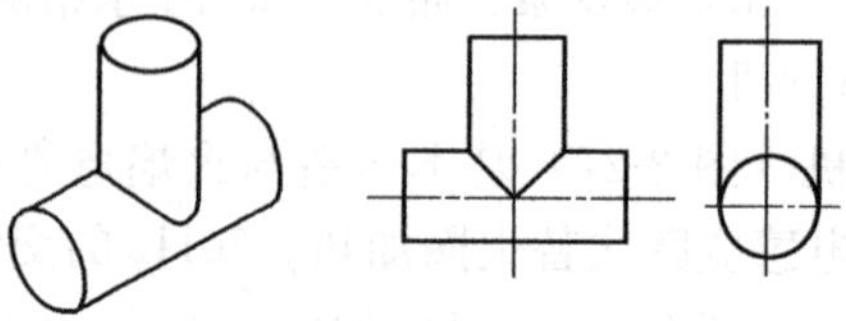

图 3-28　三通管的立体、投影图

A. 以 $O$ 为圆心，以 $D/2$ 为半径作半圆并 6 等分，得等分点 $4'$、$3'$、$2'$、$1'$、$2'$、$3'$、$4'$。

B. 沿半圆直径 $4'$—$4'$方向，作一线段 $AB$，$AB=\pi D$，并将其 12 等分，得等分点 1、2、3、4、3、2、1、2、3、4、3、2、1。

C. 在直线 $AB$ 上过各等分点作垂线，同时由半圆上各等分点 $1'$、$2'$、$3'$、$4'$向右引水平线与各垂直线相交，将所得的交点连成圆滑的曲线，即得三通支管展开图（又称雄头样板）。

D. 以直线 $AB$ 为对称线，将 4-4 范围内的垂直线对称地向上截取，并用圆滑的曲线连起来，即得三通主管展开图（又称雌头样板），如图 3-29 所示。

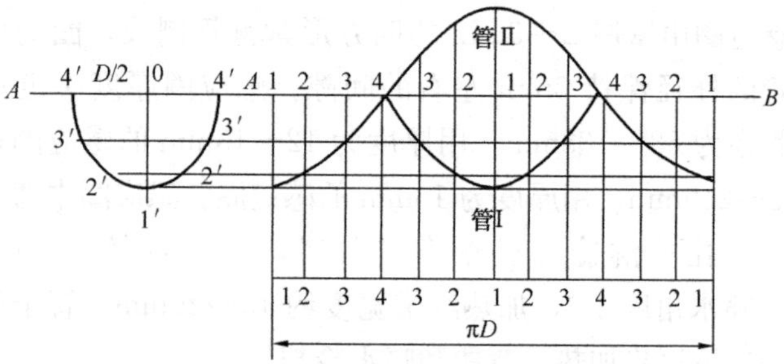


图 3-29　正交同径三通的展开图

② 正交异径三通的展开及制作

如图 3-30 所示，为正交异径三通的展开图，放样的关键是确定支管与主管连接的相交线。其立面相交线是由支管周围的各垂直等分线，与在主管上的各交点引出的水平线相交的各个对应交点确定的。如图 3-30 中的Ⅳ支管在主管上的平面相交线，是由连接管圆周的各垂直等分线的延长线，与主管圆周的 12 个等分点上引出水平线相交的各个相应交点确定的。

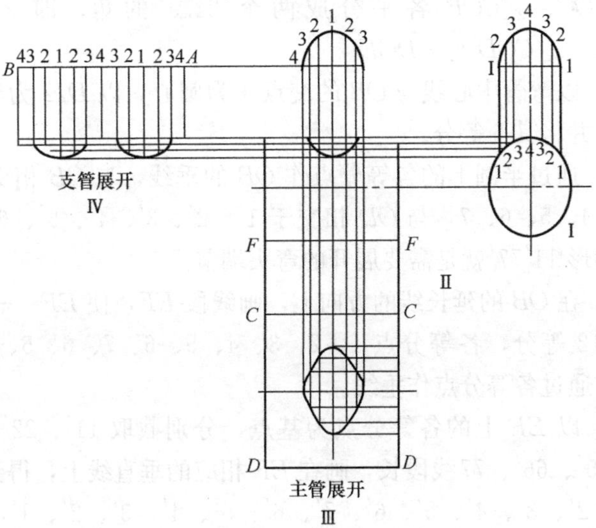


图 3-30　正交异径三通的展开图

③ 焊接三通的划线及切割

划线之前，应在主管和支管上划出定位十字架，并用样冲轻轻冲之，再分别把雌、雄样板中心对准管道中心线，划出切割线，便可进行切割。切割时应根据坡口的要求进行，支管上要全部坡口，坡口的角度在角焊处为 45°，对焊处为 30°，从角焊处向对焊处（即尖角处）逐渐缩小坡口角度，且要过渡均匀。

2）虾米弯

虾米弯由若干个带斜截面的直管段组成，有两个端节及若干个中节组成，端节为中节的一半，根据中节数的多少，虾米弯分为单节、两节、三节等；节数越多，弯头的外观越圆滑，对介质的阻力越小，但制作越困难。

① 90°单节虾米弯展开方法及步骤

A. 作$\angle AOB=90°$，以 $O$ 为圆心，以半径 $R$ 为弯曲半径，画出虾米弯中心线。

B. 将$\angle AOB$ 平分成两个 45°，即图中$\angle AOC$、$\angle COB$，再将$\angle AOC$、$\angle COB$ 各平分成两个 22.5°的角，即$\angle AOK$、$\angle KOC$、$\angle COD$ 与$\angle DOE$。

C. 以弯管中心线与 $OB$ 的交点 4 为圆心，以 $D/2$ 为半径画半圆，并将其 6 等分。

D. 通过半圆上的各等分点作 $OB$ 的垂线，与 $OB$ 相交于 1、2、3、4、5、6、7，与 $OD$ 相交于 1′、2′、3′、4′、5′、6′、7′，直角梯形 11′77′就是需要展开的弯头端节。

E. 在 $OB$ 的延长线的方向上，画线段 $EF$，使 $EF=\pi D$，并将 $EF$12 等分，各等分点 1、2、3、4、5、6、7、6、5、4、3、2、1，通过各等分点作垂线。

F. 以 $EF$ 上的各等分点为基点，分别截取 11′、22′、33′、44′、55′、66′、77′线段长，画在 $EF$ 相应的垂直线上，得到各交点 1′、2′、3′、4′、5′、6′、7′、6′、5′、4′、3′、2′、1′，将各交点用圆滑的曲线依次连接起来，所得几何图形即为端节展开图。用同样方法对称地截取 11′、22′、33′、44′、55′、66′、77′后，用圆滑的曲线连接起来，即得到中节展开图，如图 3-31 所示。

② 90°两节虾米弯展开图

从展开图 3-32 可以看出，其展开画法与单节虾米弯的展开法相似，只是将$\angle AOB=90°$等分成 6 等分，即$\angle COB=15°$，其余可以参考单节虾米弯的展开画法。

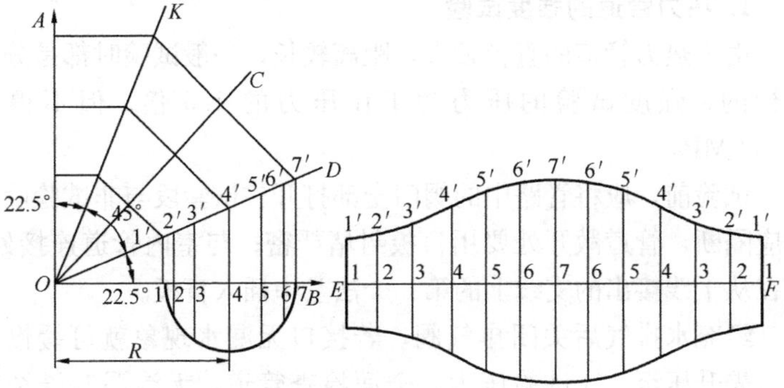


图 3-31　90°单节虾米弯展开图

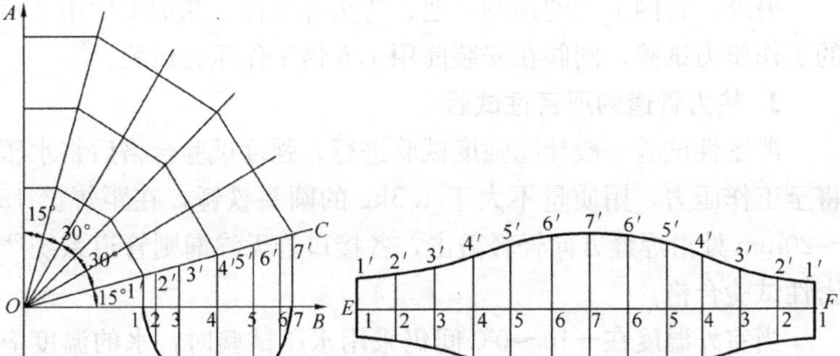


图 3-32　90°两节虾米弯展开图

## （四）热力管网压力试验

热力管道安装完毕后，必须进行其强度试验与严密性的试验。强度试验用试验压力试验管道，严密性试验用工作压力试验管道。热力管道一般采用水压试验。寒冷地区冬季试压也可以用气压进行试压。

**1. 热力管道的强度试验**

由于热力管道的直径较大，距离较长，一般试验时都是分段进行的。强度试验的压力为工作压力的 1.5 倍，但不得小于 0.6MPa。

试验前，应将管路中的阀门全部打开，试验段与非试验段管路应隔断，管道敞开处要用盲板封堵严密；与室内管道连接处，应在从干线接出的支线上的第一个法兰中插入盲板。

经充水排气后关闭排气阀，若接口无漏水现象就可缓慢加压。先升压至 1/4 试验压力，全面检查管道，无渗漏时继续升压。当压力升至试验压力时，停止加压并观测 10min，若压力降不大于 0.05MPa，可认为系统强度试验合格。

另外，管网上用的预制三通、弯头等零件，在加工厂用 2 倍的工作压力试验，闸阀在安装前用 1.5 倍工作压力试验。

**2. 热力管道的严密性试验**

严密性试验一般伴随强度试验进行，强度试验合格后将水压将至工作压力，用质量不大于 1.5kg 的圆头铁锤，在距焊缝 15～20mm 处沿焊缝方向轻轻敲击，各接口若无渗漏则管道系统严密性试验合格。

当室外温度在－10～0℃间仍采用水压试验时，水的温度应为 50℃左右的热水。试验完毕后应立即将管内存水排放干净。有条件时最好用压缩空气冲净。还应指出的是，对于架空敷设热力管道的试压，其手压泵及压力表如在地面上，则其试验压力应加上管道标号至压力表的水静压力。

## （五）管道保温与绝热

在安装工程中，保温绝热材料贴附在设备和管道的表面上，利用本身较大的热阻，减少设备和管道与外界的热量传递。保温材料应具备以下技术性能要求：

导热系数小，热稳定性好；吸湿性低，抗蒸汽渗透能力强；

密度小，有一定的机械强度，经久耐用；无毒、无臭、不燃，不腐蚀金属，化学稳定性好，不易霉烂变质；资源广，价格低廉，施工方便。

**1. 管道保温常用材料**

常见的保温绝热材料的种类有玻璃棉类、矿渣棉类、岩石棉类、石棉类、硅藻土、膨胀珍珠岩、膨胀蛭石等。

玻璃棉类绝热材料具有无毒、耐腐蚀、不燃烧、密度小、导热系数小、吸水率大特性，使用时要有防水措施，使用温度350℃以上。矿渣棉类绝热材料抗酸碱性能好、对人体刺激小、导热系数小、吸水率大、使用应有防水措施。岩石棉类绝热材料耐腐蚀、不燃烧、密度小、导热系数小、可耐600～800℃高温。石棉类绝热材料耐碱性好，热稳定性好，耐温400～500℃。硅藻土密度大、导热系数大、吸水率大，但机械强度高，耐火度高，可耐1280℃高温。膨胀珍珠岩不腐蚀、不燃烧、化学稳定性好、导热系数大，密度变化大，使用温度800℃。膨胀蛭石导热系数小、强度大、吸水率大、耐火性好，化学性能稳定，无腐蚀、不易变质。常用绝热材料见表3-6。

**常用绝热材料** **表3-6**

| 材料名称 | 密度 (kg/m³) | 导热系数 W/(m²·℃) | 使用极限温度（℃） | 耐压强度（MPa） | 特性 |
|---|---|---|---|---|---|
| 钙化锯末 | 490 | 0.105 | 100 | 0.42 | 使用时需加一定的水泥 |
| 钙化木屑 | 596<br>764 | 0.11<br>0.145 | 100 | — | |
| 泡沫混凝土 | 360～510 | | 250 | 0.4 | 用400号硅酸盐水泥、泡沫剂和水混合制成 |
| 石棉蛭石瓦 | 400<br>500 | 0.088<br>0.159 | 800 | >0.15<br>>0.45 | |

续表

| 材料名称 | 密度（kg/m³） | 导热系数 W/(m²·℃) | 使用极限温度（℃） | 耐压强度（MPa） | 特性 |
|---|---|---|---|---|---|
| 焙烧硅藻土 一级 | 450 | 0.055 | 900 | 0.45～0.5 | 吸水性强导热系数随含湿量增加而增加 |
| 焙烧硅藻土 二级 | 550 | 0.085 |  | 0.7～0.9 |  |
| 石棉硅藻土 | 300～450 | ≯0.105 | 300 |  |  |
| 碳酸镁石棉粉 | <180 | ≯0.163 | 300 |  | 吸水性小 |
| 矿渣棉 | 120～150 | 0.044～0.076 | 600 |  | 吸水率低，填充保温材料 |
| 沥青矿渣棉 | 150～200 | 0.046～0.058 | 200 |  | 缠包保温材料 |
| 玻璃棉 | 18 | 0.033～0.035 | 450 |  | 耐腐蚀，吸水性很小，耐火化学性能稳定 |
| 玻璃棉缝毡 | <85 | 0.035～0.058 | 200 |  | 同上 |
| 玻璃棉管壳 | 120～150 | 0.035～0.053 | 250 |  | 同上 |
| 沥青玻璃棉缝毡 | 85 | 0.035～0.058 | 200 |  | 同上，有贴玻璃布面和不贴面两种 |
| 沥青玻璃短棉毡 | 80 | 0.035～0.058 | 200 |  | 同上 |
| 石棉粉 一级 | 600 | 0.08～0.09 | 600 |  | 同上 |
| 石棉粉 二级 | 800 | 0.09 |  |  |  |
| 石棉绳 | 1000～1300 | 0.14 | 450 |  | 一般直径有13、16、19、22、25…、50mm等 |

续表

| 材料名称 | 密度 (kg/m³) | 导热系数 W/(m²·℃) | 使用极限温度（℃） | 耐压强度 (MPa) | 特性 |
| --- | --- | --- | --- | --- | --- |
| 碳酸镁石棉管 | <360 | 0.105～0.121 | 300 | | 长 914m，厚 19、25、38、51mm，内径 21～267mm |
| 膨胀珍珠岩 | 14～130 | 0.035～0.047 | −200～1000 | | 不燃，易吸水，吸湿 0.2% |
| 酚醛树脂矿棉板 | 150～200 | 0.04～0.052 | <300 | | 难燃，吸湿 0.8%～1% |

**2. 管道保温施工方法**

管道保温结构的施工方法有涂抹法、绑扎法、预制块法、缠绕法、填充法、粘贴法、浇灌法、喷涂法等。

（1）涂抹法

采用不定型的保温材料，如膨胀珍珠岩、石棉纤维等，加入粘结剂如水泥、水玻璃等，按一定的配料比例加水拌和成塑性泥团，用手或工具涂抹在管道、设备上即可。涂抹保温结构如图 3-33 所示。

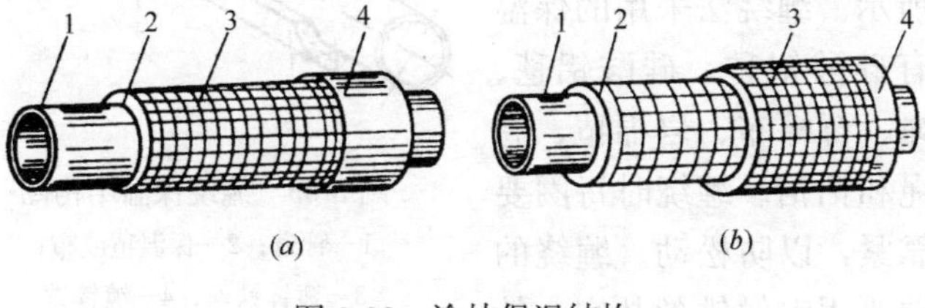


图 3-33　涂抹保温结构

（*a*）单层保温结构；（*b*）双层保温结构

1—管道；2—胶泥保温层；3—镀锌铁丝网；4—保护层

采用涂抹保温结构施工时，每层涂料厚度为 10～20mm，直至设计要求的厚度为止。但必须在前一层完全干燥后才能涂抹下一层，达到设计厚度后，再在上面敷设铁丝网，并抹面压光，敷设保护层。

（2）绑扎法

将成型布状或毡状的管壳、管筒或弧形毡块直接包覆在官道上，再用镀锌铁丝、不锈钢丝、金属带、黏胶带或包扎带，把绝缘材料固定在官道上。绑扎法保温结构如图 3-34 所示。

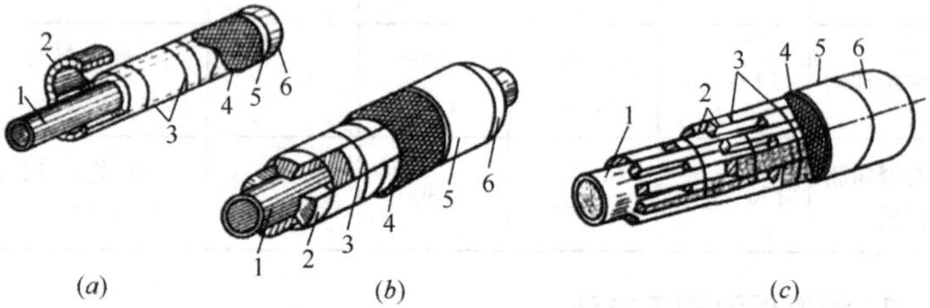


图 3-34　绑扎保温结构

(*a*) 半圆形管壳；(*b*) 弧形瓦；(*c*) 梯形瓦

1—管道；2—保温层；3—镀锌铁丝；4—镀锌铁丝网；5—保护层；6—油漆

（3）缠绕法

采用线状或布条状保温材料在需要保温的管道及附件上进行缠绕。缠绕保温结构如图 3-35 所示。缠绕法采用的保温材料有硅酸铝毡、硅酸铝毯、石棉绳、石棉布、岩棉毡、高硅氧绳和铝箔。缠绕时每圈要彼此靠紧，以防松动。缠绕的起止端要用镀锌铁丝扎牢，外层一般以玻璃丝布包缠刷漆。

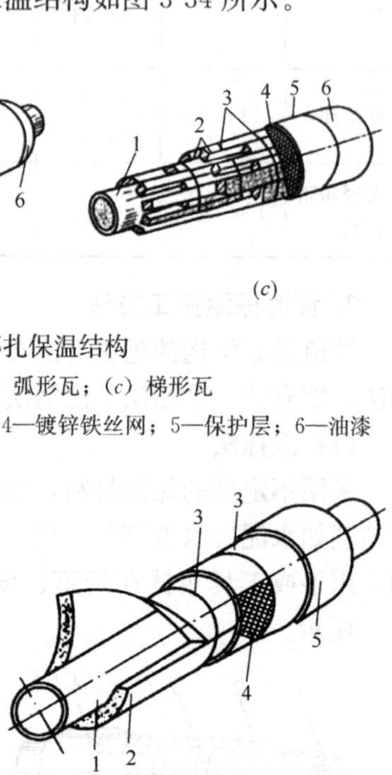


图 3-35　缠绕保温结构图

1—管道；2—保温毡或布；3—镀锌铁丝；4—镀锌铁丝网；5—保护层

（4）填充法

填充法保温结构如图 3-36 所示。填充保温结构是用钢筋或用扁钢作一个支撑环套在管道上，在支撑环外面包镀锌铁丝网，中间填充散状保温材料。施工时，预先做好支撑环，套在管子上，支撑环之间的间距为 300～500mm，然后再包铁丝网，在上部留有开口，以便填充保温材料，最后用镀锌铁丝网缝合，在外面再做保护层。

（5）粘贴法

将粘结剂涂刷在管壁上，将保温材料粘贴上去，再用粘结剂代替对缝灰浆勾缝粘结，然后再加设保护层，保护层可采用金属保护壳或缠绕玻璃丝布。粘贴保温结构如图 3-37 所示。

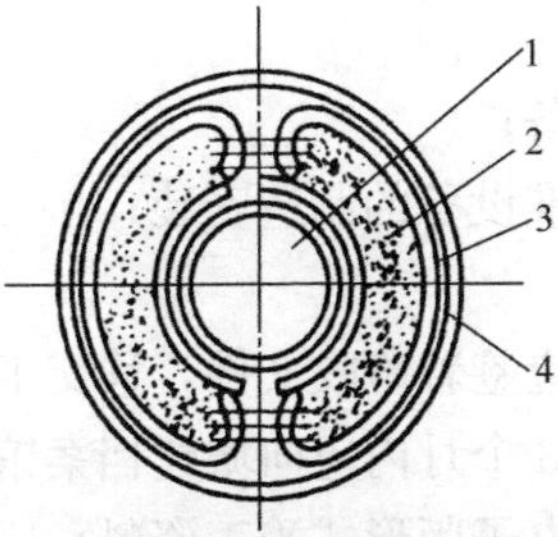


图 3-36　填充保温结构

1—管道；2—保温材料；3—支撑环；4—保护壳

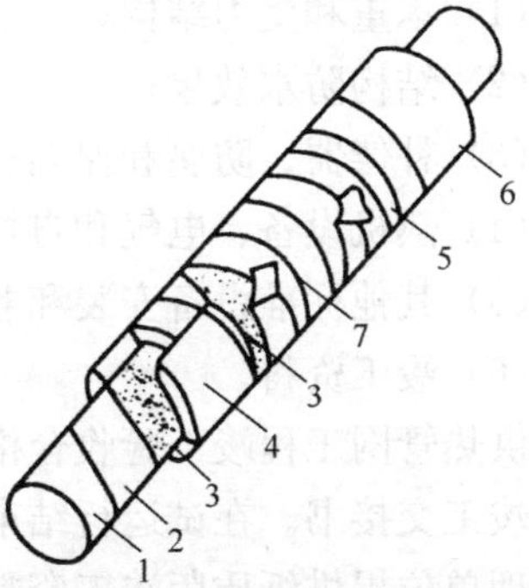


图 3-37　粘贴保温结构

1—管道；2—防锈漆；3—粘结剂；4—保温材料；5—玻璃丝布；6—防腐漆；7—聚乙烯薄膜

（6）浇灌法

浇灌保温结构用于不通行地沟或无沟敷设的热力管道，浇灌用的保温材料大多为聚氨酯、酚醛等泡沫熟料，浇灌时多采用分层浇灌的方法，根据设计保温层的厚度分 2～3 次浇灌。

（7）喷涂法

喷涂法是用喷涂工具或喷涂机械对保温涂料采用喷涂的方式将保温材料涂覆在热力管道及设备上。喷涂施工时，应根据设备、材料性能及环境条件调节喷射压力和喷射距离。喷涂时，应均匀连续喷射，喷涂面上不应出现干料或流淌。喷涂方向应垂直于受喷面，喷枪应不断进行螺旋式移动。

## （六）热力管网的验收

**1. 基本要求**

供热管网工程的竣工验收应在单位工程验收和试运行合格后进行。

竣工验收应包括系列主要项目：

（1）承重和受力结构；

（2）结构防水效果；

（3）补偿器、防腐和保温；

（4）热机设备、电气和自控设备；

（5）其他标准设备安装和非标准设备的制造安装；

（6）竣工资料。

供热管网工程竣工验收合格后应签署验收文件，移交工程应填写竣工交接书。在试运行结束后3个月内应向城建档案馆、管道管理单位提供纸质版竣工资料和电子版形式竣工资料，所有隐蔽工程应提供影像资料。工程验收后，保修期不应少于2个采暖期。

**2. 验收标准**

（1）竣工验收时应提供下列资料：

1）施工技术资料应包括施工组织设计及审批文件、图纸会审（审查）记录、技术交底记录、工程洽商（变更）记录等。

2）施工管理资料应包括工程概况、施工日志、施工过程中的质量事故相关资料。

3）工程物资资料应包括工程用原材料、构配件等质量说明文件及进场检验或复试报告、主要设备合格证书及进场验收文件、质监部门核发的特种设备质量证明文件和设备竣工图、安装说明书、技术性能说明书、专用工具和备件的移交说明。

4）施工测量监测资料应包括工程定位及复核记录、施工沉降和位移等观（量）测记录。

5）施工记录应包括下列资料。

① 检查及情况处理记录应包括隐蔽工程检查记录、地基处理记录、钎探记录、验槽记录、管道变形记录、钢管焊接检查和管道排位记录（图）、混凝土浇筑等；

② 施工方法及相关内容记录应包括小导管注浆记录、浅埋暗挖法施工检查记录、定向钻施工等相关记录、防腐施工记录、防水施工记录等。

③ 设备安装记录应包括支架、补偿器及各种设备安装记录等。

6）施工试验及检测报告应包括回填压实检测记录、混凝土抗压（渗）报告及统计评定记录、砂浆强度报告及统计评定记录、管道无损检测报告和相关记录、喷射混凝土配比、管道的冲洗记录、管道强度和严密性试验记录、管网试运行记录等。

7）施工质量验收资料包括检验批、分项、分部工程质量验收记录、单位工程质量评定记录。

8）工程竣工验收资料应包括竣工报告、竣工测量报告、工程安全和功能、工程观感及内业资料核查等相关资料。

（2）竣工验收应对下列事项进行鉴定：

1）供热管网输热能力及热力站各类设备应达到设计参数，输热损耗应符合国家标准规定，管网末端的水力工况、热力工况应满足末端用户的需求。

2）管网及站内系统、设备在工作状态下应严密，管道支架和补偿装置及热力站热机、电气及控制等设备应正常、可靠。

3）计量应准确，安全装置应灵敏、可靠。

4）各种设备的性能及工作状态应正常，运转设备产生的噪声应符合国家标准规定。

5）供热管网及热力站防腐工程施工质量应合格。

6）工程档案资料应齐全。

（3）保温工程在第一个采暖季结束后，应对设备及管道保温效果进行测定与评价，且应符合现行国家标准《设备及管道绝热效果的测定与评价》GB/T 8174 的相关规定，并应提出测定与评价报告。

# 四、空调水系统安装

## （一）空调水系统的分类

**1. 空调水系统的分类与组成**

空调水系统分为空调冷（热）水系统、冷却水系统和冷凝水系统。其中，空调冷（热）水系统指的是通过空调机组将空调冷（热）水集中制备后，送至房间或区域空调末端设备并承担相应的空调负荷的水系统。冷却水系统指的是当空调机组制冷时，需要对冷凝器进行冷却，带走热量的水系统。冷凝水系统指的是用于收集冷凝水的水系统。本节主要讲述空调冷（热）水系统。

（1）按循环方式分为开式循环系统（图 4-1）和闭式循环系统（图 4-2）。

1）开式循环系统

水系统与大气直接相通，如图 4-1 所示。其特点如下：

① 泵扬程高，输送耗电量大。

② 循环水易受污染，水中总含氧量高，管路和设备易受腐。

③ 管路容易引起水锤现象。

④ 该系统与蓄冷水池连接比较简单。

2）闭式循环系统特点

① 水泵扬程低，仅需克服环路阻力，与建筑物总高度无关，输送耗电量小；

② 循环水不易受污染，管路腐蚀程度轻；

③ 不用设回水池，制冷机房占地面积减小，但需设膨胀水箱。

④系统本身几乎不具备蓄冷能力，若与蓄冷水池连接，则系

统比较复杂。

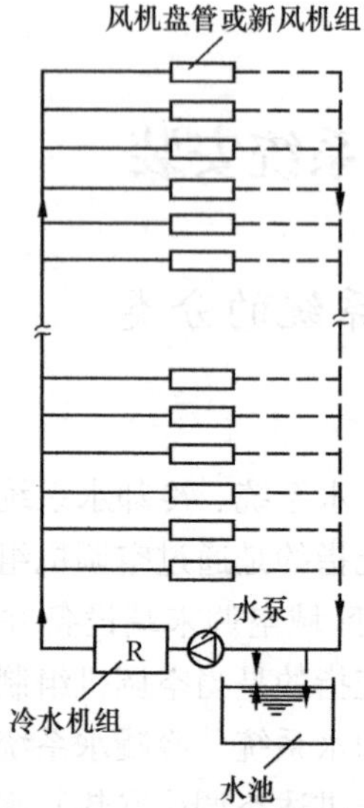


图 4-1　开式循环系统

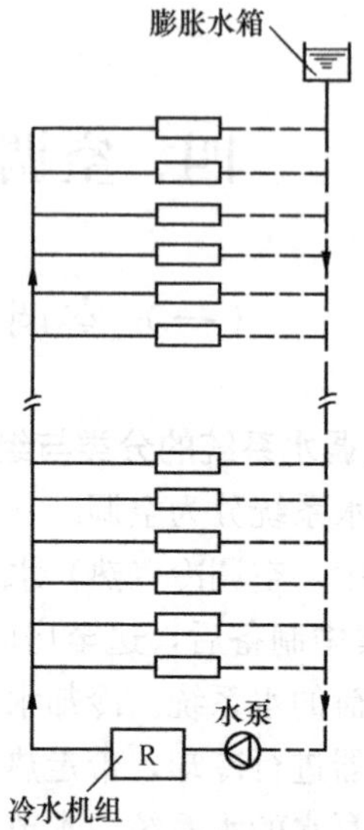


图 4-2　闭式循环系统

（2）按供回水方式分为两管制（图 4-3）、四管制（图 4-4）、分区两管制（图 4-5）。

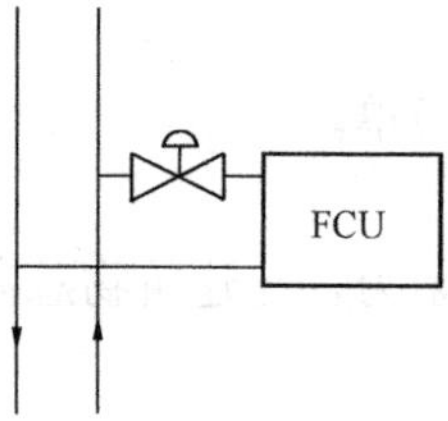


图 4-3　两管制系统

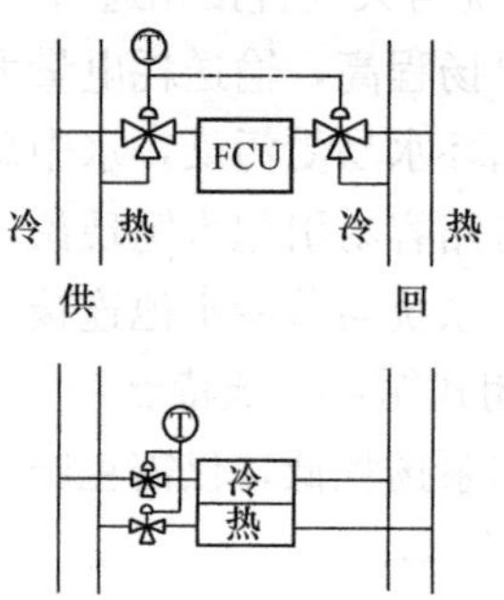


图 4-4　四管制系统

1）两管制

空调水系统供热、供冷合用同一管路系统，系统简单，投资

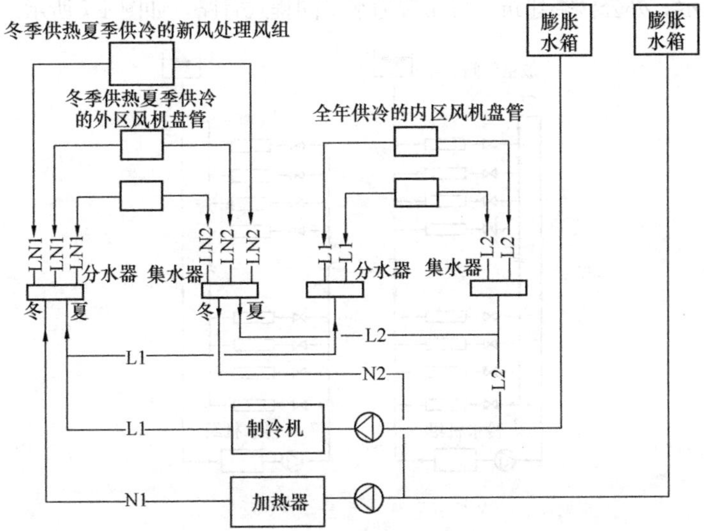


图 4-5　分区两管制系统

低，难于满足冷热同时的要求。是多层或高层民用建筑广泛采用的空调水系统。

2）四管制

空调水系统管路由四根管组成，建筑内空调区可同时供冷水和热水。操作简单、控制方便，系统复杂。适合内区较大，或建筑空调使用标准较高且投资允许的建筑中。

3）分区两管制

建筑物内有些空气调节区需全年供冷水，有些空气调节区则冷、热水定期交替供应时，宜采用分区两管制系统。

（3）按供回水管路的布置方式分为同程式、异程式。

1）同程式系统

同程式系统指的是系统内水流经各用户回路的管路物理长度相等（或接近）。一般当空调水系统较大时，管路不易平衡时，宜采用同程式布置。旅馆客房类建筑，立管设置在管道竖井中，水系统布置为垂直（竖向）同程式。立管最高处设自动排气阀，如图 4-6

所示。办公楼类建筑，可布置为水平同程式管路，如图 4-7 所示。

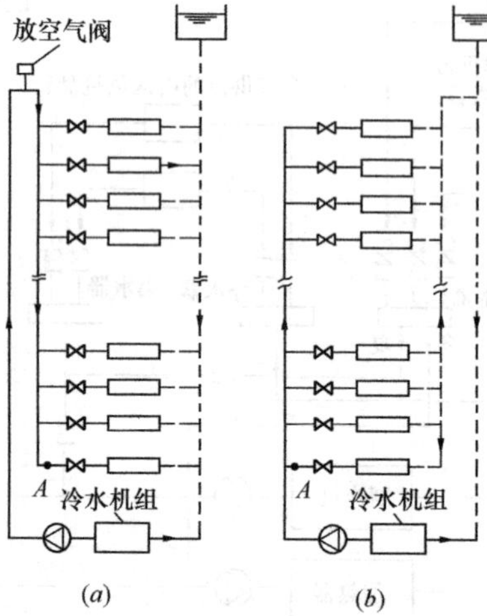


图 4-6　竖向同程式系统

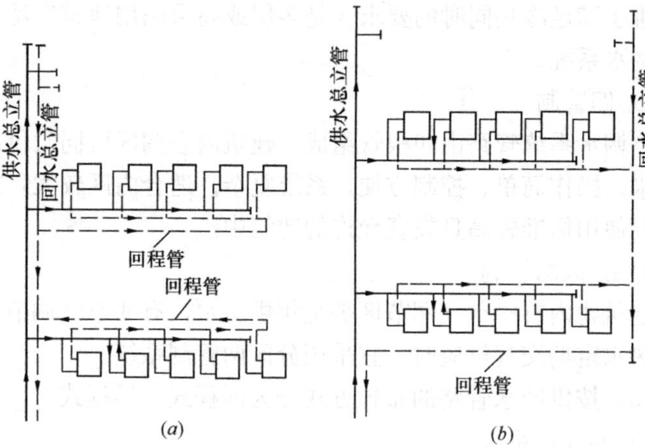


图 4-7　水平同程式系统

2）异程式系统

异程式系统指的是系统水流经每一用户回路的管路长度之和

不相等。当空调水系统较小时，且管路阻力与设备阻力的比值小于 1/3 时，宜采用异程式布置，如图 4-8 所示。

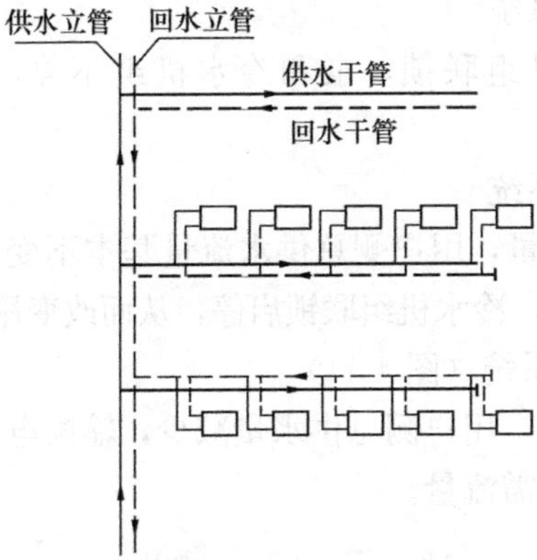


图 4-8　异程式系统

(4) 按运行调节方式分为定流量（CWV）系统和变流量（VWV）系统。

1）定流量系统（图 4-9、图 4-10）

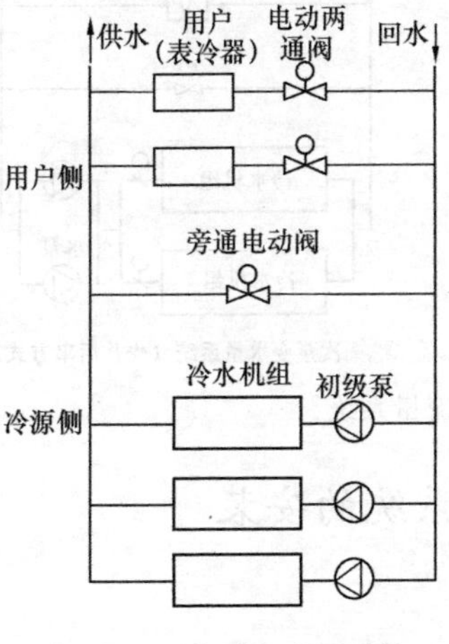


图 4-9　一次泵定流量系统

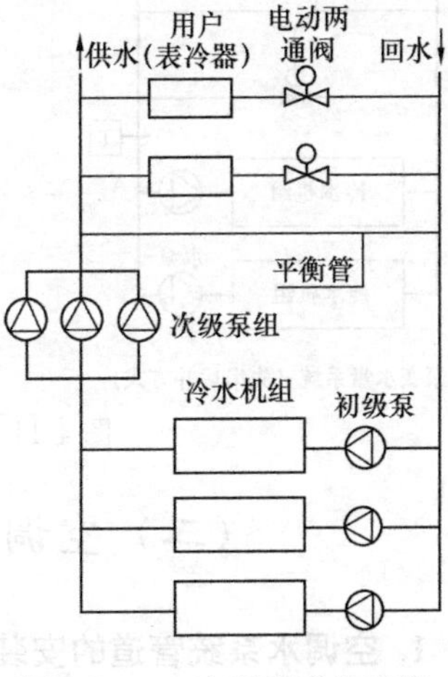


图 4-10　二次泵定流量系统

用户侧总供水流量不可调节，输配耗电基本不变。用户采用三通阀调节所需流量。

① 一次泵系统

泵与冷水机组联锁，泵和冷水机组不停，输配能耗基本不变。

② 二次泵系统

二次泵定流量，用户侧总供水流量基本不变。部分负荷时可以停部分一次泵，冷水机组联锁启停，从而改变用户侧供水温度。

2）变流量系统（图 4-11）

部分负荷时，用户侧总供水量减少，输配电耗减少，用户采用二通阀调节所需流量。

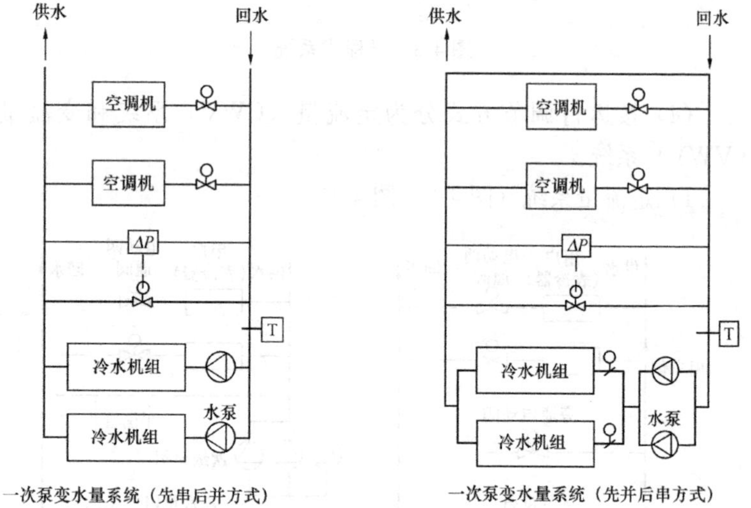


图 4-11　变流量系统

## （二）空调水系统的安装

### 1. 空调水系统管道的安装

空调水系统镀锌钢管及带有防腐涂层的钢管应采用螺纹连接，不得采用焊接连接。当管径大于 $DN100$ 时，可采用卡箍或法兰连接。

（1）管道安装顺序：一般先管道井总管、后支立管或平面支管，再与空调设备连接，完成冷冻机房管道安装。无缝钢管在安装前，必须先除锈，涂刷好第一道防锈漆。

（2）管道在，应避免将铁屑、铁块等异物进入管腔内。在施工临时告一段落时，应将管道的开口处、朝天敞口处及时封堵住，切实做好管道防堵预防工作。

（3）当空调水系统管道穿越楼板，隔墙时，应设置套管。有防水要求时应设置刚性防水套管；套管的口径应比穿越管道的口径大二号，并应该保证有大于保温层厚度的间隙，以利于保温。管道焊缝与阀门仪表等附件的设置，不得紧贴墙壁、楼板和支架。

（4）在管道井内，安装空调水系统的总立管时，应在立管的底部楼板处设置管道承重支架。

（5）应按设计要求，合理设置空调供、回水系统的放气和排水装置。当供、回水管与其他管线、设备相碰避让产生向上或下变位敷设时，其管道变位前的最高处，应该加设排气装置，尽量排尽管道内空气，避免产生气隔堵塞现象，影响管道供热或供冷的运行效果。

（6）空调供、回水系统管道安装的允许偏差，应符合表 4-1 的规定。

**管道安装的允许偏差**（mm） **表 4-1**

| 项目 | | | 允许偏差 |
|---|---|---|---|
| 坐标 | 架空及地沟 | 室外 | 25 |
| | | 室内 | 15 |
| | 埋地 | | 60 |
| 标高 | 架空及地沟 | 室外 | ±20 |
| | | 室内 | ±15 |
| | 埋地 | | ±25 |

续表

| 项目 | | 允许偏差 |
|---|---|---|
| 水平管道平直度 | $DN\leqslant100$ | $2L$‰，最大50 |
| | $DN>100$ | $3L$‰，最大80 |
| 立管铅垂度 | | $5L$‰，最大30 |
| 成排管道间距 | | 15 |
| 交叉管道的外壁或绝热层间距 | | 20 |

注：$L$—管子有效长度；$DN$—管子公称直径。

**2. 空调水系统管道阀门及附件的安装**

（1）阀门安装时应按图纸要求核对阀门的规格、型号及其压力等级，安装位置、介质流向和高度安装。循环水泵出口安装的止回阀，一般采用缓闭式止回阀，以减轻水锤的冲击力。

（2）阀门的手柄不得向下，电动阀、调节阀等阀类的阀头均应向上安装。成排管线上阀门应错开安装，其中手轮间间距不得小于100mm。阀门应开启方便灵活，便于操作维修。

（3）压力表、温度计与流量计等仪表的型号、规格及安装位置，应符合设计与验收规范的要求，并应便于观察检修就位。

**3. 支架预制安装**

（1）支架预制

依据各个支架实际尺寸加工，划线下料、定位钻孔到焊接成型，做好油漆防腐工作（底漆二道、面漆一道，管道安装完毕后再刷面漆一道）。

（2）支架安装

管道支架型式选用合理、安装时平整牢固，排列整齐统一。管道与支架的接触紧密，支架与固定支架的设置位置、构造形式，应符合设计要求和施工验收规范规定。固定在建筑结构上的支、吊架，不得影响结构安全；支、吊架的焊接，不应有漏焊、欠焊或焊接裂痕等缺陷。当管道与管道支架、支座需要焊接时，管子处不应有咬边和烧穿现象。支架安装完毕后必须进行工序检查，检查合格后方可进行管道安装。

(3) 常用管道支架形式

常用管道支架，按外形分为门型支架、悬臂支架、吊架和压制弯管托架等；水平安装管道支、吊架的最大间距见表 4-2；塑料管道支、吊架间距见表 4-3。

水平安装管道最大间距（mm） 表 4-2

| 管道直径（mm） | | 15 | 20 | 25 | 32 | 40 | 50 | 70 | 80 | 100 | 150 | 250 | 300 |
|---|---|---|---|---|---|---|---|---|---|---|---|---|---|
| 支架最大间距（m） | 保温管 | 1.5 | 2 | 2.5 | 2.5 | 3 | 3.5 | 4 | 5 | 5 | 6.5 | 8.5 | 9.5 |
| | 不保温管 | 2.5 | 3 | 3.5 | 4 | 4.5 | 5 | 6 | 6.5 | 6.5 | 7.5 | 9.5 | 10.5 |

塑料管道的支、吊架间距（mm） 表 4-3

| 外径 | 20 | 25 | 32 | 40 | 50 | 63 | 75 | 90 | 110 |
|---|---|---|---|---|---|---|---|---|---|
| 水平安装 | 600 | 700 | 800 | 900 | 1000 | 1100 | 1200 | 1350 | 1550 |
| 垂直安装 | 900 | 1000 | 1100 | 1300 | 1600 | 1800 | 2000 | 2200 | 2400 |

**4. 管道试压与清洗**

(1) 管道试压前的准备

试压前，管道施工技术人员必须熟悉设计施工图的要求，工艺流程、系统输送介质压力、温度等技术参数。根据空调水系统管道的施工顺序、进度和施工方法，选定管道试压顺序和循环清洗方法。编制出相应完善的施工方案指导空调水系统管道的试压。

(2) 管道的试压要求

1) 管道的试压试验应分区、分段进行。施工完毕后，最后进行空调水系统的试压，开通工作。在空调水系统的试压前，应确认被试压范围的管道已施工完毕。管道的支吊架、阀门等附件已安装到位。并且经系统完整性的检查，都已符合规范验收要求。

2) 管道的试压试验前空调水系统管道试压的施工方案已审批，试压实验的准备工作已完成。

3）管道的试压试验前，应成立空调水系统管道试压工作的领导小组，明确各自的工作职责和检查范围，统一联络统一指挥调动。加强巡回检查，确保试压与清洗工作顺利完成。

4）空调水系统在试压与循环清洗施工前，应根据施工方案要求，对当前要进行的试压与清洗管道的范围、施工方法与详细要求、安全与产品保护措施要求等，对全体参加施工人员进行安全技术交底，各分工负责人员明确各自责任后应该在交底记录单上签字。各参与施工人员应明确自己所承担的工作。

5）空调水系统在试压与循环清洗验收合格后，及时办理好试压验收记录表的签证工作。

在空调水系统管道试压结束后，应进行管道循环清洗工作，可利用空调系统内供、回水循环泵做动力进行。

（3）管道清洗

在空调水系统循环清洗前，应将系统管道的总支管道的末端连接之间加装循环冲洗阀门。系统进行循环清洗时，不允许循环清洗（吹洗）的设备应该隔离，如果采用管道临时接通管道系统。同时应将系统内的仪表流量控板节流阀等拆除，及时做好各个管道阀门附件拆、装记录，待循环清洗结束后恢复安装。

空调水系统管道在冲洗完毕待系统进水完成后，即可进行系统的循环运行清洗。循环冲洗应先总管、后支管、再风机设备系统冲洗。通过几次循环运转冲洗、换水冲洗至水质排放检查，以水中无颗粒状态杂质时为合格。冲洗合格后应及时办理管道冲洗记录签证手续。

在空调水系统管道循环冲洗时，要及时做好巡回检查、清通工作，排放水应排至室外安全处、室内地沟、集水井，排水设备应完好，畅通无阻确保安全。

当系统循环清洗合格后，及使将系统灌满水，排尽供回水管道系统及空调器、空调设备、风机盘管内的空气，正常运转两小时无异常情况，既可投入系统负荷调试工作。

**5. 空调水系统管道的保温**

管道保温的施工及验收应按《工业设备及管道绝热工程施工质量验收规范》GB 50185—2010 规定执行。

为了减少散热损失，避免由于冷凝造成的滴漏，满足工艺要求，空调供回水管道、冷凝水管道与设备均保温。保温材料的强度、密度、导热系数、吸水率及品种、规格均应符合设计要求。

管道保温工作应在管道水压验收合格，管道表面已经刷好第二道防锈漆后进行。一般应按先绝热层、后防潮层、再保护层的顺序施工。如果要求先做保温，应将管道的接口、焊缝处留出，等管道试压工作完成后，再完成余下的连接口，焊缝处保温工作。

保温结构的各层间应紧密、平整、压缝及圆弧均匀，无环形断裂与保温纵向裂口和破损，伸缩缝位置正确。采用成型制品或者缠制品时，应该将连接缝错开，嵌缝饱满。采用松散和浇筑材料时，填充应密实、均匀。

保温保护层采用卷材时，应紧贴保温层。保护层的表面无折皱、裂缝。采用镀锌板时应采用压边搭接，搭接缝的设置应避开雨水冲刷方向，搭缝应紧密牢固。

阀门、法兰及可拆卸部件的两层保温层，应该留有空隙，但断面应封闭严密。支托架处的保温层不得影响管道活动面的自由伸缩，与垫木支架接触紧密，管道托架内及套管内的保温，应充填饱满。

## （三）空调水系统管道的验收

空调工程水系统的管道、管配件及阀门的型号、规格、材质及连接形式应符合设计规定。

**1. 系统管道及配件**

管道和管件在安装前将其内、外壁的污物和锈蚀清除干净。管道安装间断时，应及时封闭管口。

冷凝水排水管坡度宜大于或等于 8‰，软管连接的长度不大于 150mm。

冷热水管道与支、吊架之间应有绝热衬垫，其厚度不小于绝热层厚度，宽度应大于支、吊架支撑面的宽度。

（1）管道焊接连接

管道焊缝表面应清理干净，并进行外观质量检查。焊缝外观质量符合规范规定。

检验方法：尺量、观察检查。

（2）管道螺纹连接

螺纹连接的管道，螺纹应清洁、规整，螺纹间断或缺失不大于螺纹全螺距数的 10%。连接牢固，接口处根部外露螺纹为 2～3 扣，无外露填料，镀锌管道的镀锌层应注意保护，对局部的破损处应做防腐处理。

检验方法：尺量、观察检查。

（3）管道法兰连接

法兰连接的管道，法兰面应与管道中心线垂直，并同心。法兰对接应平行，偏差不应大于管道外径的 1.5‰，且不得大于 2mm。连接螺栓长度应一致，螺母在同侧，均匀拧紧。

检验方法：尺量、观察检查。

（4）管道柔性接管安装

管道与设备的连接应在设备安装完毕后进行，与水泵、制冷机组的接管必须为柔性接口。柔性短管不得强行对口连接，与其连接的管道应设置独立支架。

检验方法：尺量、观察检查，旁站或查阅试验记录、隐蔽工程记录。

（5）管道套管

固定在建筑结构上的管道支、吊架，不得影响结构的安全。管道穿越墙体或楼板处应设钢制套管，管道接口不得置于套管内，钢制套管应与墙体饰面或楼板底部平齐，上部应高出楼层地面 20～50mm，并不得将套管作为管道支撑；保温管道与套管四周间隙应使用不燃绝热材料填塞紧密。

检验方法：尺量、观察检查，旁站或查阅试验记录。

**2. 管道系统冲洗、排污与试压**

(1) 管道系统冲洗、排污

冷热水及冷却水系统应在系统冲洗、排污合格后（目测排出口的水色和透明度与入水口相近，且无可见杂物），当系统继续运行 2h 以上，水质保持稳定后，可与制冷机组、空调设备贯通。

检验方法：观察检查。

(2) 管道系统水压试验

管道系统安装完毕，外观检查合格后，应按设计要求进行水压试验。当无设计要求时，应符合下列规定：

冷（热）水、冷却水系统的试验压力，当工作压力小于或等于 1.0MPa 时，应为 1.5 倍工作压力，最低不应小于 0.6MPa；当工作压力大于 1.0MPa 时，应为工作压力加 0.5MPa。

系统最低点压力升至试验压力后，应稳压 10min，压力下降不应大于 0.02MPa，然后应将系统压力降至工作压力，外观检查无渗漏为合格。对于大型、高层建筑等垂直位差较大的冷（热）水、冷却水管道系统，当采用分区、分层试压时，在该部位的试验压力下，应稳压 10min，压力不得下降，再将系统压力降至该部位的工作压力，在 60min 内压力不得下降、外观检查无渗漏为合格。

各类耐压塑料管的强度试验压力（冷水）应为 1.5 倍工作压力，且不应小于 0.9MPa；严密性试验压力应为 1.15 倍的设计工作压力。

凝结水系统采用通水试验，应以不渗漏，排水畅通为合格。

检查数量：全数检查。

检查方法：旁站观察或查阅试验记录。

**3. 金属管道的支、吊架**

金属管道的支、吊架的形式、位置、间距、标高应符合设计要求。当设计无要求时，应符合下列要求：

支、吊架的安装应平整牢固，与管道接触应紧密，管道与设备连接处应设置独立支、吊架。当设备安装在减振基座上时，独立支架的固定点应为减振基座。

冷（热）水、冷却水系统管道机房内总、干管的支、吊架，应采用承重防晃管架，与设备连接的管道管架宜采取减振措施。当水平支管的管架采用单杆吊架时，应在系统管道的起始点、阀门、三通、弯头处及长度每隔 15m 处设置承重防晃支、吊架。

检查方法：尺量、观察检查。

**4. 阀门安装与试压**

(1) 阀门的安装

阀门安装前应进行外观检查，铭牌应符合《工业阀门标志》GB/T 12220—2015 的规定。安装的位置、进出口方向应正确，并便于操作，连接应牢固紧密，启闭灵活。成排阀门的排列应整齐美观，在同一平面上的允许偏差为 3mm。

电动、气动等自控阀门在安装前应进行单体的调试，包括开启、关闭等动作试验。

安装在保温管道上的各类手动阀门，手柄不得向下。

检验方法：观察检查。

(2) 阀门试压

阀门安装前必须进行外观检查，阀门的铭牌应符合《工业阀门标志》GB/T 12220—2015 的规定。对于工作压力大于 1.0MPa 及在主干管上起到切断作用的阀门、系统冷热水运行转换调节功能的阀门和止回阀，应进行壳体强度和阀瓣密封性试验。其他阀门在系统试压中检验。

强度试验时，试验压力为常温条件下公称压力的 1.5 倍，持续时间不少于 5min，阀门的壳体、填料应无渗漏。

严密性试验时，试验压力为公称压力的 1.1 倍，试验压力在试验持续的时间内应保持不变，阀门压力持续时间见表 4-4。

检验方法：按设计图核对，观察检查；旁站或查阅试验记录。

阀门压力持续时间　　表 4-4

| 公称直径 $DN$（mm） | 最短试验持续时间（s） | |
|---|---|---|
| | 严密性试验（水） | |
| | 止回阀 | 其他阀门 |
| ≤50 | 60 | 15 |
| 65～150 | 60 | 60 |
| 200～300 | 60 | 120 |
| ≥350 | 120 | 120 |

**5. 隐蔽管道验收**

空调工程中的隐蔽工程，在隐蔽前必须经监理人员验收及认可签证。

检验方法：查阅施工记录或旁站。

**6. 空调水系统的试运行与调试**

空调水系统的非设计满负荷条件下的联合试运转及调试，正常运转不应少于 8h。

检查方法：观察、旁站、查阅调试记录。

# 习　题

## 一、判断题

1.［初级］流体的重度与其密度成正比例关系。

【答案】正确

【解析】流体的重度等于其密度与重力加速度的乘积。

2.［中级］液体的黏性随温度升高而增大，气体的黏性则随温度的升高而减小。

【答案】错误

【解析】液体的黏性随温度升高而减小，气体的黏性则随温度的升高而增大。

3.［初级］由大小相等方向相反，力的作用线与杆件轴线重合的一对力引起的变形称为拉伸或压缩变形。

【答案】正确

【解析】拉伸或压缩变形定义。

4.［中级］由大小相等、方向相反、作用面都垂直于杆轴的两个力偶引起的。表现为杆件上的任意两个截面发生绕轴线的相对转动的变形称为弯曲变形。

【答案】错误

【解析】由大小相等、方向相反、作用面都垂直于杆轴的两个力偶引起的。表现为杆件上的任意两个截面发生绕轴线的相对转动的变形称为扭转变形。

5.［初级］管段中管子在轴线方向的有效长度称为管段的安装长度。

【答案】正确

【解析】安装长度定义。

6. [中级] 管段安装长度的展开长度称为管段的加工长度。

【答案】正确

【解析】加工长度定义。

7. [初级] 千斤顶用来顶升或位移较重的设备的主要工具。

【答案】正确

【解析】千斤顶又称顶重器，是一种简单的起重设备，用来顶升或位移较重的设备的主要工具。

8. [中级] 法兰平焊：只用焊接外层，不需焊接内层，一般常用于中、低压管道中，管道的公称压力要低于2.5MPa。

【答案】正确

【解析】法兰连接方式一般可以分为五种：即平焊、对焊、承插焊、松套、螺纹。平焊：只用焊接外层，不需焊接内层，一般常用于中、低压管道中，管道的公称压力要低于2.5MPa。

9. [高级] 热煨弯时，对于弯曲角度大的管子，其加热管段的长度，为弯曲长度再加上两倍管外径长度。

【答案】正确

【解析】管道热弯长度计算：弧形弯管下料总长度计算公式为：$L=\pi/2\ (R+r)\ +2L$。

10. [高级] 公称直径的数值既不是管子的内径，也不是外径，而是与之相近的整数。

【答案】正确

【解析】公称直径定义。

11. [初级] 湿式自动喷水灭火系统可用于建筑内无采暖的场所。

【答案】错误

【解析】湿式自动喷水灭火系统适用于环境温度4℃$<t<$70℃的建筑物。

12. [中级] 预作用喷水灭火系统对灭火时效性要求不高。

【答案】错误

【解析】预作用喷水灭火系统适用于对建筑装饰要求高，灭火要求及时的建筑物。

13. ［初级］给水管不得布置在建筑物内的遇水能引起爆炸，燃烧或被损坏的原料，产品和设备的上面。

【答案】正确

14. ［初级］水平干管敷设在顶层天花板下或吊顶层中，从上向下供水的方式称为上分式。

【答案】正确

【解析】上分式（上行下给式）：水平干管敷设在顶层天花板下或吊顶层中，从上向下供水。多用于多层建筑或设有水箱的给水系统。

15. ［初级］管道沿墙、梁、柱、地板或桁架敷设称为管道明装。

【答案】正确

【解析】管道的敷设：明装管道沿墙、梁、柱、地板或桁架敷设。其优点是安装与维修方便，造价低；缺点是室内欠美观，管道表面积灰尘，夏天产生结露等。

16. ［初级］管道暗装立管应敷设在管道竖井或竖向墙槽内。

【答案】正确

【解析】管道暗装规定要求。

17. ［初级］给水水平干管应有不小于 0.002 的坡度坡向泄水。

【答案】正确

18. ［初级］器具排水管与横支管宜采用 90°正通连接。

【答案】错误

【解析】器具排水管与横支管宜采用 90°斜通连接

19. ［中级］建筑物的引入管，当建筑物不允许间断供水或室内消防栓总数超过 10 个以上时，应设两条。

【答案】正确

20. ［中级］横支管可以穿过建筑物的沉降缝、伸缩缝、风道烟道。

【答案】错误

【解析】横支管不宜穿过建筑物的沉降缝、伸缩缝、风道烟道

21. ［中级］伸顶通气管高出层面的高度不小于0.3m，且大于该地区最大积雪厚度，当屋顶为上人屋顶时，应不小于2m，并应按要求设置防雷装置。

【答案】正确

22. ［中级］室内采暖管道以入口阀门或建筑物外墙皮1.5m为界。

【答案】正确

23. ［中级］管道地上明设时，可在底层地面上沿墙敷设，过门时设过门地沟或绕行。

【答案】正确

24. ［中级］立支管变径，不宜使用铸铁补芯，应使用变径管箍或焊接法。

【答案】正确

25. ［中级］设在地沟（检查井）内的热力入口，地沟应加设人孔，人孔高出地面100mm。。

【答案】正确

26. ［中级］管道压力为0.25～1MPa时，可采用普通焊接法兰。

【答案】正确

27. ［高级］疏水器是采暖系统中用于排除空气并阻止凝结水泄露。

【答案】错误

【解析】疏水器作用是采暖系统中用于排除凝结水并阻止蒸汽泄露。

28. ［高级］除污器用于定期排除系统中的污物，通常设置在用户引人口或循环水泵入口处，也可设置在锅炉房内。

【答案】正确

29. ［高级］安全阀安装方向应使介质由阀瓣的下面向上流动。重要的设备和管道应该安装两只安全阀。

【答案】正确

30. ［高级］汽、水同向流动的热水采暖管道和汽、水同向流动的蒸汽管道及凝结水管道，坡度应为 0.003，不得小于 0.002。

【答案】正确

31. ［初级］室外供热管道的平面布置形式分为树枝状和环状两种。

【答案】正确

【解析】室外供热管道的平面布置，应在保证供热管道安全可靠的运行前提下，尽量节省投资，其布置形式分为树枝状和环状两种。

32. ［初级］室外供热管道常用的管材为铸铁管。

【答案】错误

【解析】室外供热管道常用的管材为焊接钢管或无缝钢管，其连接方式一般应为焊接。

33. ［初级］方形补偿器可水平安装，也可垂直安装。

【答案】正确

【解析】方形补偿器按设计要求，可水平安装，也可垂直安装。水平安装时，方形补偿器平面的坡度及坡向应与管道相同。垂直安装时，最高点应设置排气装置，最低点应设置放水装置；热媒为蒸汽时，在最低点设疏水装置。

34. ［初级］热力管道安装完毕后，必须进行其强度试验与严密性的试验。

【答案】正确

35. ［中级］通行地沟敷设的人行道宽＞0.7m，高≥1.8m。

【答案】正确

【解析】通行地沟敷设，适用于厂区主要干线，管道根数多（一般超过 6 根）及城市主要街道下。为了检修人员能在地沟内自由行走，地沟的人行道宽>0.7m，高≥1.8m。

36.［中级］室外管道上，方形补偿器两侧的第一个支架应为固定支架。

【答案】错误

【解析】管道上方形补偿器的两侧的第一个支架应为活动支架，设置在距补偿器弯头起弯点0.5～1m处，不得设置成导向支架或固定支架。

37.［中级］砂轮切割机一般切割管径大于150mm的管子。

【答案】错误

【解析】砂轮切割机能切割管径小于150mm的管子，特别适合高压管和不锈钢管，也可用于切割角钢、圆钢等各种型钢。

38.［中级］室外热力管道，管道强度试验的压力为工作压力的1.5倍。

【答案】正确

39.［高级］室外热力管网，最高点排气阀门的直径应大于25mm。

【答案】错误

【解析】热力管网中，应设置排气和放水装置。排气点应设置在管网中的最高点，一般排气阀门直径选用15～25mm的。

40.［高级］套管式补偿器只能用于$P_t$≥1.6MPa、$DN$≥300mm的管道系统。

【答案】错误

【解析】套管式补偿器又称填料套筒式补偿器，有铸铁和钢质两种。铸铁式的用法兰与管道连接，只能用于$P_t$≤1.3MPa、$DN$≤300mm的管道系统。钢质套管式补偿器可用于$P_t$≤1.6MPa的蒸汽或其他管道系统。

41.［初级］空调水系统可分为冷冻水系统、冷却水系统和冷凝水系统。

【答案】正确

42.［中级］建筑物空调区内，部分区需全年供冷水，部分区需全年供冷、热水，可采用分区两管制。

【答案】正确

43. ［高级］空调水系统中，异程式系统比同程式系统易于水力平衡。

【答案】错误

【解析】空调水系统中，异程式系统适用于水系统较大时，管路不易水力平衡。

44. ［中级］空调定流量水系统是指用户侧总供水流量不可调节，输配耗电基本不变。

【答案】正确

45. ［中级］在管道井内安装空调水系统的总立管时，不需要在立管的底部楼板处设置管道承重支架。

【答案】错误

【解析】在管道井内安装空调水系统的总立管时，应在立管的底部楼板处设置管道承重支架。

46. ［初级］空调冷凝水管道需要设置坡度。

【答案】正确

【解析】空调冷凝水排水管坡度宜大于或等于8‰。

47. ［初级］空调水系统钢制管道焊接时，焊缝表面应清理干净即可，不必进行外观质量检查。

【答案】错误

【解析】空调水系统钢制管道焊接时，焊缝表面应清理干净，并进行外观质量检查。

48. ［中级］空调水系统法兰连接的管道，法兰面应与管道中心线垂直，可不同心。

【答案】错误

【解析】空调水系统法兰连接的管道，法兰面应与管道中心线垂直，并同心。

49. ［初级］空调水系统柔性短管不得强行对口连接，与其连接的管道一般不设独立支架。

【答案】错误

【解析】空调水系统柔性短管不得强行对口连接，与其连接的管道需要设独立支架。

50. ［高级］为了防止冷热量的散失，空调冷冻水供回水管道、冷却水供回水管道、冷凝水管道与设备均需保温。

【答案】错误

【解析】为了防止冷量的散失，空调冷冻水供回水管道、冷凝水管道与设备均需保温。

**二、单选题**

1. ［初级］（　　）是流体最基本的特性。

A. 惯性　　B. 流动性　　C. 黏滞性　　D. 热胀性

【答案】B

【解析】流动性是流体最基本的特性。

2. ［初级］在施工图中，（　　）能表明管道空间走向。

A. 平面图　B. 系统图　　C. 详图　　　D. 设计说明

【答案】B

【解析】系统图表示各系统的空间位置以及各层间、前后左右间的关系。

3. ［中级］由大小相等、方向相反、力的作用线相互平行的力引起的变形，称为（　　）变形。

A. 拉伸　　B. 压缩　　C. 扭转　　D. 剪切

【答案】D

【解析】由大小相等、方向相反、力的作用线相互平行的力引起的变形，称为剪切变形。

4. ［中级］管段中管子在轴线方向的有效长度称为管段的（　　）。

A. 安装长度　　　　B. 下料长度

C. 构造尺寸　　　　D. 连接长度

【答案】A

【解析】管段中管子在轴线方向的有效长度称为管段的安装

长度

5. ［初级］用管道的插口插入管道的承口内，对位后先用嵌缝材料嵌缝，然后用密封材料密封，使之成为一个牢固的封闭圈，这种连接方法称为(　　)。

A. 刚性承插连接　　B. 柔性承插连接

C. 法兰连接　　D. 卡箍连接

【答案】A

【解析】刚性承插连接是用管道的插口插入管道的承口内，对位后先用嵌缝材料嵌缝，然后用密封材料密封，使之成为一个牢固的封闭圈。

6. ［中级］利用液压原理来顶升或位移较重的设备的主要工具是(　　)。

A. 螺纹千斤顶　　B. 倒链

C. 铰磨　　D. 液压式千斤顶

【答案】D

【解析】液压式千斤顶是利用液压工作原理来顶升或位移较重的设备的主要工具。

7. ［初级］用高强度细碳素钢钢丝捻绕而成，它的自重轻、强度高、耐磨损、弹性大，对于骤加载荷（猛拉）时的拉力强，工作可靠，是起吊大直径管子和管件的绳索是(　　)。

A. 麻绳　　B. 钢丝绳

C. 吊钩　　D. 吊环

【答案】B

【解析】钢丝绳是用高强度细碳素钢钢丝捻绕而成，它的自重轻、强度高、耐磨损、弹性大，对于骤加载荷（猛拉）时的拉力强，工作可靠，是起吊大直径管子和管件的绳索。

8. ［中级］由垂直于杆件轴线的横向力，或由包含杆件轴线在内的纵向平面内的一对大小相等、方向相反的力偶引起，表现为杆件轴线由直线变成曲线的变形称为(　　) 变形。

A. 拉伸或压缩　　B. 剪切

C. 扭转　　D. 弯曲

【答案】D

【解析】弯曲变形由垂直于杆件轴线的横向力，或由包含杆件轴线在内的纵向平面内的一对大小相等、方向相反的力偶引起，表现为杆件轴线由直线变成曲线。

9. [初级] 拉伸或压缩变形杆件横截面上的内力是(　　)。

A. 轴力　　B. 剪力

C. 弯矩　　D. 扭矩

【答案】A

【解析】拉伸或压缩：这类变形是由大小相等方向相反，力的作用线与杆件轴线重合的一对力引起的。在变形上表现为杆件长度的伸长或缩短。截面上的内力称为轴力。

10. [中级] 扭转变形横截面上的内力称为(　　)。

A. 轴力　　B. 剪力

C. 弯矩　　D. 扭矩

【答案】D

【解析】扭转：这类变形是由大小相等、方向相反、作用面都垂直于杆轴的两个力偶引起的。表现为杆件上的任意两个截面发生绕轴线的相对转动。截面上的内力称为扭矩。

11. [初级] 在刚性卡箍接头(　　)mm 内管道上补加支吊架。

A. 500　B. 300　C. 200　D. 100

【答案】A

【解析】消防管道卡箍连接中，在刚性卡箍接头 500mm 内管道上补加支吊架。

12. [中级] 管道或管件的中心线之间的距离称为(　　)。

A. 安装尺寸　　B. 构造尺寸

C. 加工尺寸　　D. 连接尺寸

【答案】B

【解析】管道或管件的中心线之间的距离称为构造尺寸。

13. ［高级］螺纹连接下料长度的计算时，管子的下料加工长度应符合安装长度的要求，当管段为直管时，加工长度等于构造长度减去两端管件长的（　　）再加上内螺纹的长度。

A. 一倍　B. 两倍　C. 1.5 倍　D. 一半

【答案】D

【解析】螺纹连接下料长度的计算时，管子的下料加工长度应符合安装长度的要求，当管段为直管时，加工长度等于构造长度减去两端管件长的一半再加上内螺纹的长度。

14. ［高级］（　　）图为了画图方便起见，OZ、OY、OX 三个轴的缩短率均采用 1∶1∶1。

A. 正等测　B. 斜等测

C. 透视图　D. 投影图

【答案】A

【解析】正等测图，为了画图方便起见，OZ、OY、OX 三个轴的缩短率均采用 1∶1∶1，也就是说，管道各个方向的长度是多少，在相应测轴上的长度都应当按同样的比例画出。

15. ［高级］同径正三通组对时，要求主管上开孔的大小与支管管径相配，焊缝处的内缝相平，组对时用宽座角尺校正支管与主管间的角度为（　　），然后点焊固定，最后进行焊接。

A. 90°　B. 60°　C. 45°　D. 30°

【答案】A

【解析】同径正三通组对时，要求主管上开孔的大小与支管管径相配，焊缝处的内缝相平，组对时用宽座角尺校正支管与主管间的角度为 90°，然后点焊固定，最后进行焊接。

16. ［初级］自动喷水灭火管道采用镀锌钢管时，管径＞*DN*100 管道应采用（　　）连接。

A. 螺纹　B. 焊接　C. 粘接　D. 法兰

【答案】D

【解析】自动喷水灭火管道采用镀锌钢管时，管径≤*DN*100 管道接口为螺纹连接，管径＞*DN*100 管道应采用法兰或卡套式专用管件连接。

17. ［中级］消防水箱进水管的管口和水箱溢流水位之间应有空气隔断，隔断间距一般宜为(　　)mm。

A. 100　　B. 150　　C. 200　　D. 250

【答案】A

【解析】消防水箱进水管的管口和水箱溢流水位之间应有空气隔断，隔断间距应大于等于 2.5 倍管外径，但最小不得小于 25mm，最大不大于 150mm，一般为 100mm。

18. ［初级］水平干管敷设在顶层天花板下或吊顶层中，从上向下供水。多用于多层建筑或设有水箱的给水系统称为(　　)。

A. 下分式　　B. 上分式

C. 环状式　　D. 中分式

【答案】A

【解析】水平干管敷设在顶层天花板下或吊顶层中，从上向下供水。多用于多层建筑或设有水箱的给水系统称为下分式

19. ［初级］给水引入管和排水排出管的水平净距不得小于(　　) m。

A. 1　　B. 2

C. 1.5　　D. 0.5

【答案】A

【解析】室内给水管道的安装要求：给水引入管和排水排出管的水平净距不得小于 1m。

20. ［初级］室内给水与排水管道平行敷设时，两管间的最小水平净距不得小于(　　) m。

A. 0.5　　B. 1

C. 1.5　　D. 2

【答案】A

【解析】室内给水管道的安装要求：室内给水与排水管道平行敷设时，两管间的最小水平净距不得小于 0.5m。

21. ［初级］交叉敷设时，给水管应敷在排水管上面，垂直净距不得小于(　　) m。

A. 0.10　　B. 0.15　　C. 0.20　　D. 0.25

【答案】B

【解析】室内给水管道的安装要求：交叉敷设时，给水管应敷在排水管上面，垂直净距不得小于 0.15m。

22. ［初级］立管应设检查口，其间距不大于 10m 但底层和最高层必须设。检查口中心至地面距离为(　　) m。

A. 1　　B. 1.1　　C. 1.2　　D. 1.3

【答案】A

【解析】排水立管布置要求：立管应设检查口，其间距不大于 10m 但底层和最高层必须设。检查口中心至地面距离为 1m，并应高于该层溢流水位最低的卫生器具上边缘 0.15m。

23. ［初级］生活污水管道和散发有毒有害气体的生产污水管道应设伸顶通气管。伸顶通气管高出层面的高度不小于(　　) m，且大于该地区最大积雪厚度。

A. 0.2　　B. 0.25　　C. 2　　D. 0.3

【答案】D

【解析】通气系统的布置要求：生活污水管道和散发有毒有害气体的生产污水管道应设伸顶通气管。伸顶通气管高出层面的高度不小于 0.3m，且大于该地区最大积雪厚度。

24. ［初级］伸顶通气管当屋顶为上人屋顶时，应不小于(　　)m，并应按要求设置防雷装置。

A. 1　　B. 2　　C. 3　　D. 4

【答案】B

【解析】通气系统的布置要求：生活污水管道和散发有毒有害气体的生产污水管道应设伸顶通气管。伸顶通气管高出层面的高度不小于 0.3m，且大于该地区最大积雪厚度，当屋顶为上人屋顶时，应不小于 2m，并应按要求设置防雷装置。

25. ［初级］洗脸盆安装时，冷、热水管的角阀中心距地面高(　　)mm，冷、热水嘴距离150mm。

A. 450　B. 350　C. 250　D. 150

【答案】A

【解析】洗脸盆安装时，冷、热水管的角阀中心距地面高450mm，冷、热水嘴距离150mm。

26. ［初级］散热器支管的坡度应为(　　)。

A. 0.02　B. 0.01　C. 0.05　D. 0.03

【答案】B

【解析】散热器支管的坡度应为0.01，坡度应利于排气和泄水，检验方法：观察、水平尺、拉线，尺量检查。

27. ［初级］散热器支管长度超过(　　)m时，应在支管上安装管卡。

A. 1　B. 0.8　C. 1.5　D. 2

【答案】C

【解析】散热器支管长度超过1.5m时，应在支管上安装管卡。

28. ［中级］排水管道横支管不宜太长，尽量少转弯，当条件受限时宜采用两个(　　)弯头或乙字弯，一根支管连接的卫生器具不宜太多。

A. 45°　B. 90°　C. 60°　D. 30°

【答案】A

【解析】排水横支管的布置要求：横支管不宜太长，尽量少转弯，当条件受限时宜采用两个45°弯头或乙字弯，一根支管连接的卫生器具不宜太多。

29. ［中级］排出管与室外排水管连接处应设检查井，检查井中心到建筑物外墙的距离不宜小于(　　)m且不大于10m。

A. 3　B. 4　C. 5　D. 6

【答案】A

【解析】横干管及排出管的布置要求：排出管与室外排水管连接处应设检查井，检查井中心到建筑物外墙的距离不宜小于

3m 且不大于 10m。

30. [中级]（　　）是安装在供暖房间内的放热设备，它把热媒的部分热量通过器壁以传导、对流、辐射等方式传给室内空气，以补偿建筑物的热量损失，从而维持室内正常工作和学习所需温度。

A. 水龙头　　B. 散热器

C. 水箱　　D. 水泵

【答案】B

【解析】散热器是安装在供暖房间内的放热设备，它把热媒的部分热量通过器壁以传导，对流，辐射等方式传给室内空气，以补偿建筑物的热量损失，从而维持室内正常工作和学习所需温度。

31. [中级] 片式散热器组对数量，一般不宜超过下列数值：细柱形散热器（　　）片。

A. 22　　B. 25　　C. 26　　D. 27

【答案】B

【解析】片式散热器组对数量，一般不宜超过下列数值：A. 细柱形散热器（每片长度 50～60mm）25 片。

32. [中级] 散热器垫片材质当设计无要求时，应采用（　　）。

A. 耐热橡胶　　B. 普通橡胶

C. 石墨　　D. 石棉

【答案】A

【解析】散热器垫片材质当设计无要求时，应采用耐热橡胶。

33. [中级] 散热器背面与装饰后的墙内表面安装距离，应符合设计或产品说明要求。如设计未注明，应为（　　）mm。

A. 30　　B. 50　　C. 60　　D. 70

【答案】A

【解析】散热器背面与装饰后的墙内表面安装距离，应符合设计或产品说明要求。如设计未注明，应为 30mm。

34. ［中级］低温热水地板辐射采暖，是采用低于(　　)℃的低温水作为热源，通过直接埋入建筑地板内的加热盘管，利用敷设而达到室内要求的一种方便、灵活的采暖方式。

A. 40　　B. 60　　C. 50　　D. 70

【答案】B

【解析】低温热水地板辐射采暖，是采用低于 60℃的低温水作为热源，通过直接埋入建筑地板内的加热盘管，利用敷设而达到室内要求的一种方便、灵活的采暖方式。

35. ［中级］减压阀在蒸汽采暖管道系统中的作用是将(　　)蒸汽变为低压蒸汽，达到采暖的正常工作压力。

A. 中压　　B. 高压　　C. 低压　　D. 超高压

【答案】B

【解析】减压阀在蒸汽采暖管道系统中的作用是将高压蒸汽变为低压蒸汽，达到采暖的正常工作压力。

36. ［中级］集气罐通常安装在供水干管的(　　)端。

A. 末　　B. 首　　C. 中　　D. 低

【答案】A

【解析】集气罐通常安装在供水干管的末端。

37. ［中级］加热盘管弯曲部分不得出现硬折弯现象，曲率半径应符合下列规定：塑料管：不应小于管道外径的(　　)倍。

A. 8　　B. 7　　C. 6　　D. 5

【答案】A

【解析】加热盘管弯曲部分不得出现硬折弯现象，曲率半径应符合下列规定：塑料管：不应小于管道外径的 8 倍。

38. ［中级］加热盘管弯曲部分不得出现硬折弯现象，曲率半径应符合下列规定：复合管：不应小于管道外径的(　　)倍。

A. 5　　B. 6　　C. 7　　D. 8

【答案】A

【解析】加热盘管弯曲部分不得出现硬折弯现象，曲率半径应符合下列规定：塑料管：不应小于管道外径的 8 倍。复合管：

不应小于管道外径的5倍。

39. [中级] 减压阀的安装高度：设在离地面(　　)m左右处，沿墙敷设。

A. 1.0　　B. 1.1　　C. 1.2　　D. 1.3

【答案】C

【解析】减压阀的安装高度：a. 设在离地面1.2m左右处，沿墙敷设。b. 设在离地面3m左右处，并设永久佳操作台。

40. [高级] 分（集）水器的安装时，分水器在上，集水器安装在下，中心距为(　　)mm，集水器中心距地面应不小于(　　)mm并将其固定。

A. 200，300　　B. 100，200

C. 200，100　　D. 300，500

【答案】A

【解析】分（集）水器的安装时，分水器在上，集水器安装在下，中心距为200mm，集水器中心距地面应不小于300mm并将其固定。

41. [高级] 地热盘管隐蔽前必须进行水压试验，试验压力为工作压力的1.5倍，但不小于0.6MPa。检验方法：稳压(　)内压力降不大于0.05MPa，且不渗不漏。

A. 1h　　B. 30min　　C. 20min　　D. 15min

【答案】A

【解析】盘管隐蔽前必须进行水压试验，试验压力为工作压力的1.5倍，但不小于0.6MPa。

检验方法：稳压1h内压力降不大于0.05MPa，且不渗不漏。

42. [高级] 一般情况下，蒸汽压力低于(　　)kPa为低压蒸汽供暖系统，蒸汽压力小于大气压的为真空蒸汽供暖系统。

A. 70　　B. 80　　C. 90　　D. 100

【答案】A

【解析】一般情况下，蒸汽压力低于70kPa为低压蒸汽供暖系统，蒸汽压力小于大气压的为真空蒸汽供暖系统。

43.［高级］采暖系统冲洗时，以系统可能达到的最大压力和流量进行，并保证冲洗水的流速不小于(　　)m/s。

A. 1.5　　B. 2　　C. 2.5　　D. 3

【答案】A

【解析】冲洗时，以系统可能达到的最大压力和流量进行，并保证冲洗水的流速不小于 1.5m/s。

44.［高级］室内排水管道，满水、通水试验：按排水检查井分段试验，试验水头应以试验段上游管顶加(　　)m，不少于 30 min，排水应畅通、无堵塞、管接口无渗漏。

A. 1　　B. 1.5　　C. 1.2　　D. 1.4

【答案】A

【解析】室内排水管道，满水、通水试验：按排水检查井分段试验，试验水头应以试验段上游管顶加 1m，不少于 30 min，排水应畅通、无堵塞、管接口无渗漏。

45.［高级］设在地沟（检查井）内的热力入口，地沟应加设人孔，人孔高出地面(　　)mm。

A. 100　　B. 200　　C. 300　　D. 500

【答案】A

【解析】设在地沟（检查井）内的热力入口，地沟应加设人孔，人孔高出地面 100mm。流量计和积分仪可采用整体式热量表，也可采用分体式热量表，当采用分体式时，积分仪与流量计的距离不宜超过 10m。设有热力入口的地沟应有深不小于 300mm 的集水坑。

46.［初级］管道接口焊缝距支架的净距不小于(　　)mm。

A. 50　　B. 100　　C. 150　　D. 200

【答案】C

【解析】管道接口焊缝距支架的净距不小于 150mm。卷管对焊时，其两管纵向焊缝应错开，并要求纵向焊缝侧应在同一可视方向上。

47. ［初级］室外热力管道，供水管应敷设在载热介质前进方向的（　　）侧。

A. 前　　B. 后　　C. 左　　D. 右

【答案】D

【解析】热水或蒸汽管道，应敷设在载热介质前进方向的右侧。回水或凝结水管敷设在左侧。

48. ［初级］热力管道沟底清除结束后，需铺一层厚度不小于（　　）m的砂土或素土。

A. 0.15　　B. 0.2　　C. 0.3　　D. 0.4

【答案】A

【解析】沟底遇有旧构筑物、硬石、木头、垃圾等杂物时，必须清除，然后铺一层厚度不小于0.15m的砂土或素土，并整平夯实。

49. ［初级］采用氧气—乙炔焊接，焊接的火焰温度范围为（　　）℃。

A. 1500～2000　　B. 2000～2500

C. 3100～3300　　D. 3500～4000

【答案】C

【解析】气焊是用氧气—乙炔进行焊接。除了焊炬不同，气焊的其他装置与气割相同。焊炬是将氧气和乙炔按一定的比例混合，以一定速度喷出燃烧，产生3100～3300℃的火焰，以熔化金属，进行焊接。

50. ［初级］波纹管补偿器常用的连接方法是（　　）。

A. 焊接　　B. 法兰连接

C. 螺纹连接　　D. 热熔连接

【答案】B

【解析】波纹管补偿器都是用法兰连接，为避免补偿时产生的振动使螺栓松动，螺栓两端可加弹簧垫圈。

51. ［初级］热力管网工程验收后，保修期不应少于（　　）个采暖期。

A. 1　　B. 2　　C. 3　　D. 4

【答案】B

【解析】在试运行结束后 3 个月内应向城建档案馆、管道管理单位提供纸质版竣工资料和电子版形式竣工资料，所有隐蔽工程应提供影像资料。工程验收后，保修期不应少于 2 个采暖期。

52. [中级] 室外热水供热管道的坡度一般为(　　)。

A. 0.002　　B. 0.003　　C. 0.004　　D. 0.005

【答案】B

【解析】水平安装的供热管道应保证一定的坡度：蒸汽管道当汽、水同向流动时，坡度不应小于 0.002，当汽、水逆向流动时，坡度不应小于 0.005；靠重力自流的凝水管，坡度至少 0.005；热水供热管道的坡度一般为 0.003，但不得小于 0.002。

53. [中级] 冬期施工的沟槽，防冻层的厚度为(　　)cm。

A. 15　　B. 20　　C. 30　　D. 40

【答案】C

【解析】冬期施工的沟槽，宜在地面冻结前施工。先将地面挖松一层作为防冻层，其厚度一般为 30cm。

54. [中级] 管道焊接的强度一般达到管子强度的(　　)以上。

A. 85%　　B. 90%　　C. 95%　　D. 100%

【答案】A

【解析】接口牢固严密，焊接强度一般达到管子强度的 85% 以上，甚至超过母材强度。

55. [中级] 大型机械切割机可切割管径(　　)mm 的钢管。

A. 75～600　　B. 100～800

C. 150～1000　　D. 200～300

【答案】A

【解析】大直径钢管除用氧气—乙炔切割外，可以采用机械切割，可以切割管径 75～600mm 的钢管。

56. [中级] 对室外热力管道进行水压试验时，当室外温度在 0～－10℃之间，水的温度应为(　　)℃左右的热水。

A. 40　　B. 50　　C. 60　　D. 70

【答案】B

【解析】当室外温度在－10～0℃间仍采用水压试验时，水的温度应为 50℃左右的热水。

57. [中级] 管道保温常用材料，岩石棉类的耐温范围为(　　)℃。

A. 200～400　　B. 400～600

C. 600～800　　D. 800～1000

【答案】C

【解析】岩石棉类耐腐蚀、不燃烧、密度小、导热系数小、可耐 600～800℃高温。

58. [高级] 热力管道采用半通行地沟敷设，管沟的净高一般为(　　)m。

A. 1.4　　B. 1.6

C. 1.8　　D. 2.0

【答案】A

【解析】半通行地沟敷设，适用于 2～3 根管道且不经常维修的干线。高度能使维修人员在沟内弯腰行走，一般净高为 1.4m，通道净宽为 0.6～0.7m。

59. [高级] 电焊采用的电源电压为(　　) V。

A. 45～55　　B. 55～65

C. 65～75　　D. 75～85

【答案】B

【解析】常用的电源电压为 220V 或 380V，为保障人身安全，焊接必须采用安全电压，电焊变压器是将电源电压降低为 55～65V 安全电压，供焊接使用。

60. [高级] 管道保温采用涂抹保温结构施工时，每层涂料厚度为(　　)mm。

A. 10～20　　B. 20～30

C. 30～40　　　　D. 40～50

【答案】A

【解析】采用涂抹保温结构施工时，每层涂料厚度为10～20mm，直至设计要求的厚度为止。但必须在前一层完全干燥后才能涂抹下一层，达到设计厚度后，再在上面敷设铁丝网，并抹面压光，敷设保护层。

61. [初级] 空调水系统中，用户侧负荷受空调房间人数变化的影响较大，该空调水系统适合用(　　)。

A. 定流量　　　　B. 变流量

C. 同程式　　　　D. 异程式

【答案】B

【解析】空调变流量水系统在部分负荷时，用户侧总供水量减少，输配电耗减少。

62. [中级] 异程式系统一般适用于水系统较小时，管路阻力/设备阻力小于(　　)。

A. 1/3　　B. 1/2　　C. 1/4　　D. 1

【答案】A

【解析】异程式系统一般适用于水系统较小时，管路阻力/设备阻力小于1/3。

63. [初级] 当空调水系统管道穿越楼板、隔墙时，为了保护管道，应设置(　　)。

A. 关卡　　B. 管箍　　C. 套管　　D. 阀门

【答案】C

【解析】当空调水系统管道穿越楼板、隔墙时，应设置套管，保护管道。

64. [中级] 当空调供、回水管与其他管线、设备相碰避让，需要管道向高处变位时，在最高处应设(　　)装置。

A. 泄水　　B. 阀门　　C. 排气　　D. 封堵

【答案】C

【解析】当空调供、回水管与其他管线、设备相碰避让，需要管道向高处变位时，为了防止气塞，在最高处应设排气装置。

65.［中级］空调水系统钢制管道在室内地沟敷设时，管道标高的允许偏差为(　　)。

A. ±5　　B. ±10　　C. ±12　　D. ±15

【答案】D

【解析】空调水系统管道安装的允许偏差表。

66.［中级］空调冷凝水管道的敷设坡度一般不小于(　　)。

A. 8‰　　B. 10‰　　C. 12‰　　D. 15‰

【答案】A

【解析】冷凝水排水管坡度宜大于或等于 8‰。

67.［高级］空调冷热水及冷却水系统应在系统冲洗、排污合格后再循环试运行(　　)h 以上，方可与设备贯通。

A. 12　　B. 18　　C. 24　　D. 36

【答案】C

【解析】空调冷热水及冷却水系统应在系统冲洗、排污合格后再循环试运行 24h 以上，才能与设备贯通。

68.［初级］空调冷热水管道与支、吊架之间绝热衬垫厚度(　　)绝热层厚度，宽度应(　　)支、吊架支撑面的宽度。

A. 不小于，大于　　B. 大于，不小于

C. 大于，大于　　D. 小于，小于

【答案】A

【解析】冷热水管道与支、吊架之间应有绝热衬垫，其厚度不小于绝热层厚度，宽度应大于支、吊架支撑面的宽度。

69.［中级］空调冷凝水排水管软管连接的长度不大于(　　)mm。

A. 100　　B. 120　　C. 150　　D. 180

【答案】C

【解析】空调冷凝水排水管软管连接的长度不大于 150mm。

70.［高级］空调水系统成排管线上阀门应错开安装，其中手轮间间距不得小于(　　)mm。

A. 50　　B. 100　　C. 150　　D. 200

【答案】B

【解析】空调水系统成排管线上阀门应错开安装，其中手轮间间距不得小于100mm。

**三、多选题**

1. [初级] 压强的度量单位有以下哪几种形式(　　)。

A. Pa　　B. atm　　C. $N/m^2$　　D. $mH_2O$

【答案】ABCD

【解析】$1atm=101325Pa(N/m^2)=10.33mH_2O=760mmHg$

2. [初级] 施工图主要由(　　)组成。

A. 平面图　　B. 系统图

C. 详图　　D. 设计说明

【答案】ABCD

【解析】施工图主要由首页、平面图、系统图和详图组成。首页的内容主要是设计说明、图例符号、小型工程的图纸目录、主要设备材料明细表等。

3. [初级] 承插连接接口主要有(　　)。

A. 青铅接口　　B. 石棉水泥接口

C. 膨胀性填料接口　　D. 胶圈接口

【答案】ABCD

【解析】承插连接接口主要有：青铅接口、石棉水泥接口、膨胀性填料接口、胶圈接口等。

4. [中级] 承插连接主要用于带承插接头的(　　)。

A. 铸铁管　　B. 混凝土管

C. 陶瓷管　　D. 塑料管

【答案】ABCD

【解析】承插连接主要用于带承插接头的铸铁管、混凝土管、陶瓷管、塑料管等。

5. [中级] 平焊法兰的密封面有三种，分别是(　　)。

A. 光滑式　　B. 凹凸式

C. 榫槽式　　D. 平面式

【答案】ABC

【解析】平焊法兰的密封面有三种，分别是光滑式、凹凸式以及榫槽式，其中以光滑式应用最为广泛，并且价格实惠，性价比高。

6. [中级] 电动卷扬机是一种由(　　)和电器设备等部件组成的专用起吊设备。

A. 机架座　　B. 涡轮减速箱

C. 卷筒　　D. 制动装置

【答案】ABCD

【解析】电动卷扬机是一种由机架座、涡轮减速箱、卷筒、制动装置和电器设备等部件组成的专用起吊设备。

7. [高级] 吊索按结构形式可分为(　　)等。

A. 环形吊索　　B. 双环吊索

C. 钩环吊索　　D. 吊钩

【答案】ABC

【解析】吊索按结构形式可分为环形吊索、双环吊索和钩环吊索等。

8. [初级] 自动喷水灭火系统由(　　)组成。

A. 报警装置　　B. 消火栓

C. 末端试水装置　　D. 水泵结合器

【答案】ACD

【解析】自动喷水灭火系统由水源、消防水池、喷淋消防泵、室外喷淋水泵接合器、报警装置、管网、喷头、末端试水装置等组成。

9. [中级] 根据喷头的常开、常闭形式和管网充水与否，可分下列(　　)自动喷水灭火系统类型。

A. 湿式　　B. 干式

C. 预作用式　　D. 雨淋式

【答案】ABCD

【解析】根据喷头的常开、常闭形式和管网充水与否，可分下列几种自动喷水灭火系统类型：湿式自动喷水灭火系统、干式自动喷水灭火系统、预作用喷水灭火系统及雨淋喷水灭火系统。

10. ［初级］建筑物内给水管道按水平干管布置位置不同可划分为（　　）。

A. 下分式　　B. 上分式

C. 环状式　　D. 中分式

【答案】ABCD

【解析】建筑物内给水管道按水平干管布置位置不同可划分为：下分式、上分式、环状式、中分式。

11. ［初级］根据建筑物的性质和卫生标准要求，给水管道的敷设分（　）。

A. 明装　B. 暗装　C. 套装　D. 定制装

【答案】AB

【解析】根据建筑物的性质和卫生标准要求，给水管道的敷设分为明装和暗装。

12. ［初级］暗装管道敷设在（　　）或管井内。其优点是不影响室内美观和整洁；缺点是安装复杂、维修不便，造价高，适用于装饰和卫生标准要求高的建筑物中。

A. 地下室　B. 吊顶　C. 地沟　D. 墙槽

【答案】ABCD

【解析】暗装管道敷设在地下室、吊顶、地沟、墙槽或管井内。其优点是不影响室内美观和整洁；缺点是安装复杂、维修不便，造价高，适用于装饰和卫生标准要求高的建筑物中。

13. ［中级］给水管外壁有可能结露或管内水流结冻时，应采取（　　）措施。

A. 防结露　　B. 防结冻

C. 管道保温隔热层　　D. 涂色

【答案】AB

【解析】给水管外壁有可能结露或管内水流结冻时，应采取下列措施：① 防结露：可采用外壁缠聚乙烯泡沫，纤维棉，毛毡等材料；② 防结冻：可采用外壁缠包岩棉管壳，玻璃纤维管壳，石棉管壳等材料。

14. ［中级］采暖系统根据不同的特征，有各种不同的分类方法。按供热区域划分可分为（　　）。

A. 局部采暖系统　　B. 集中采暖系统

C. 区域采暖系统　　D. 热水采暖系统

【答案】ABC

【解析】采暖系统根据不同的特征，有各种不同的分类方法。按供热区域划分：①局部采暖系统；②集中采暖系统；③区域采暖系统。

15. ［中级］采暖系统根据不同的特征，有各种不同的分类方法。按热媒分类可分为（　　）。

A. 局部采暖系统　　B. 集中采暖系统

C. 蒸汽采暖系统　　D. 热水采暖系统

【答案】CD

【解析】采暖系统根据不同的特征，有各种不同的分类方法。按热媒分类：①热水采暖系统；②蒸汽供暖设备。

16. ［高级］散热器按材质分为（　　）散热器。

A. 铸铁散热器　　B. 钢制散热器

C. 铜铝复合　　D. 非金属散热器

【答案】ABC

【解析】散热器按材质分为铸铁散热器，钢制散热器，铜铝复合散热器。

17. ［高级］低温热水地板辐射采暖系统排列成形式有（　　）。

A. 旋转型　　B. 直列型

C. L 型　　D. O 型

【答案】ABCD

【解析】低温热水地板辐射采暖系统排列成形式有旋转型、

直列型、O 型、往复型。

18.［初级］室外热力管道，地沟敷设的形式有（　　）。

A. 通行地沟敷设　　B. 半通行地沟敷设

C. 不通行地沟敷设　　D. 直埋敷设

【答案】ABC

【解析】在城市，由于规划和美观的要求，不允许地上架空敷设时可采取地下敷设。地下敷设分为地沟和直埋敷设两种，通常采用地沟敷设。地沟敷设又分为：通行、半通行和不通行三种。

19.［初级］热力管道连接常用的焊接方法有（　　）。

A. 手工电弧焊　　B. 气焊

C. 钨极氩弧焊　　D. 熔化极气体保护焊

【答案】AB

【解析】管子焊接是将管子接口处及焊条加热，达到金属熔化的状态，而使两个被焊件连接成一整体。安装工程中常用的焊接方法有手工电弧焊和气焊。

20.［初级］常用的热力管道补偿器有（　　）。

A. 方形补偿器　　B. 套管式补偿器

C. 波纹管补偿器　　D. 球型补偿器

【答案】ABCD

【解析】专用补偿器是专门设置在管路上补偿变形的装置，有方形补偿器、套管式补偿器、波纹管补偿器和球型补偿器等多种。

21.［中级］下列说法，属于焊接优点的是（　　）。

A. 焊接强度一般可达到管子强度的 85%以上

B. 焊接构造简单，管路美观整齐

C. 焊口严密，不用填料，减少维修工作

D. 焊口不受管径限制，速度快

【答案】ABCD

【解析】焊接具有以下优点：（1）接口牢固严密，焊接强度一般达到管子强度的 85%以上，甚至超过母材强度。（2）焊接系管段间直接连接，构造简单，管路美观整齐，节省了大量定型管件。(3) 焊口严密，不用填料，减少维修工作。(4) 焊口不受管径限制，速度快。

22. [中级] 下列属于管道保温结构的施工方法有(　　)。

A. 涂抹法　　B. 绑扎法

C. 预制块法　　D. 填充法

【答案】ABCD

【解析】管道保温结构的施工方法有涂抹法、绑扎法、预制块法、缠绕法、填充法、粘贴法、浇灌法、喷涂法等。

23. [中级] 下列说法，属于供热管网工程竣工验收的主要项目有(　　)。

A. 承重和受力结构

B. 补偿器、防腐和保温

C. 热机设备、电气和自控设备

D. 焊接的质量

【答案】ABC

【解析】供热管网工程的竣工验收应在单位工程验收和试运行合格后进行。竣工验收应包括系列主要项目：(1) 承重和受力结构；(2) 结构防水效果；(3) 补偿器、防腐和保温；(4) 热机设备、电气和自控设备；(5) 其他标准设备安装和非标准设备的制造安装；(6) 竣工资料。

24. [高级] 下列说法，属于保温材料的性能要求有(　　)。

A. 导热系数小，热稳定性好

B. 吸湿性低，抗蒸汽渗透能力强

C. 密度小，有一定的机械强度，经久耐用

D. 无毒、无臭、不燃，不腐蚀金属，化学稳定性好，不易霉烂变质

【答案】ABCD

【解析】在安装工程中，保温绝热材料贴附在设备和管道的表面上，利用本身较大的热阻，减少设备和管道与外界的热量传递。

保温材料应具备以下技术性能要求：（1）导热系数小，热稳定性好。（2）吸湿性低，抗蒸汽渗透能力强。（3）密度小，有一定的机械强度，经久耐用。（4）无毒、无臭、不燃，不腐蚀金属，化学稳定性好，不易霉烂变质。（5）资源广，价格低廉，施工方便。

25.［高级］供热管网工程，竣工验收进行鉴定的事项有（　　）。

A. 计量应准确，安全装置应灵敏、可靠

B. 各种设备的性能及工作状态应正常，运转设备产生的噪声应符合国家标准规定

C. 供热管网及热力站防腐工程施工质量应合格

D. 工程档案资料应齐全

【答案】ABCD

【解析】竣工验收应对下列事项进行鉴定：（1）供热管网输热能力及热力站各类设备应达到设计参数，输热损耗应符合国家标准规定，管网末端的水力工况、热力工况应满足末端用户的需求；（2）管网及站内系统、设备在工作状态下应严密，管道支架和补偿装置及热力站热机、电气及控制等设备应正常、可靠；（3）计量应准确，安全装置应灵敏、可靠；（4）各种设备的性能及工作状态应正常，运转设备产生的噪声应符合国家标准规定；（5）供热管网及热力站防腐工程施工质量应合格；（6）工程档案资料应齐全。

26.［初级］空调水系统的管道常采用的材质有（　　）。

A. 钢管　　　　B. U-PVC

C. PPR　　　　D. 有色金属管

【答案】ABC

【解析】空调水系统中，冷冻水、冷却水水管一般采用无缝钢管，冷凝水管一般采用塑料管。

27.［高级］某建筑空调区域中，内区较大且常年需供冷；外区受室外环境影响，随季节变化分别供冷、热水。则该空调水系统可采用（　　）。

A. 两管制　　　　　　　　B. 四管制

C. 分区两管制　　　　　　D. 三管制

【答案】BC

【解析】建筑物内有些空气调节区需全年供冷水，有些空气调节区则冷、热水定期交替供应时，宜采用分区两管制水系统。四管制适合于内区较大，或建筑空调使用标准较高且投资允许的建筑中。

28. ［初级］空调水系统钢制管道的连接方式为(　　)。

A. 螺纹连接　　　　　　　B. 焊接

C. 法兰连接　　　　　　　D. 粘接

【答案】ABC

【解析】空调水系统钢制管道一般可焊接、螺纹连接、法兰连接。

29. ［中级］空调水系统管路中的阀门，对于工作压力大于1.0MPa及在主干管上起到切断作用的阀门，应进行(　　)试验。

A. 强度　　B. 严密性　　C. 刚度　　D. 压力

【答案】AB

【解析】空调水系统管路中的阀门，对于工作压力大于1.0MPa及在主干管上起到切断作用的阀门，应进行强度和严密性试验。

30. ［中级］空调冷冻水及冷却水系统中，冲洗、排污合格的标准是(　　)。

A. 目测排出口的水色和透明度与如水口相近

B. 目测水中无可见杂物

C. 过滤后无杂物

D. 水质化验合格

【答案】AB

【解析】空调冷冻水及冷却水系统中，冲洗、排污时目测排出口的水色和透明度与如水口相近，水中无可见杂物为合格。

## 四、案例题

1. 某住宅小区采暖锅炉房平面图、轴测图分别如下图 1、图 2 所示，其相关技术要点反映在以下例题中。

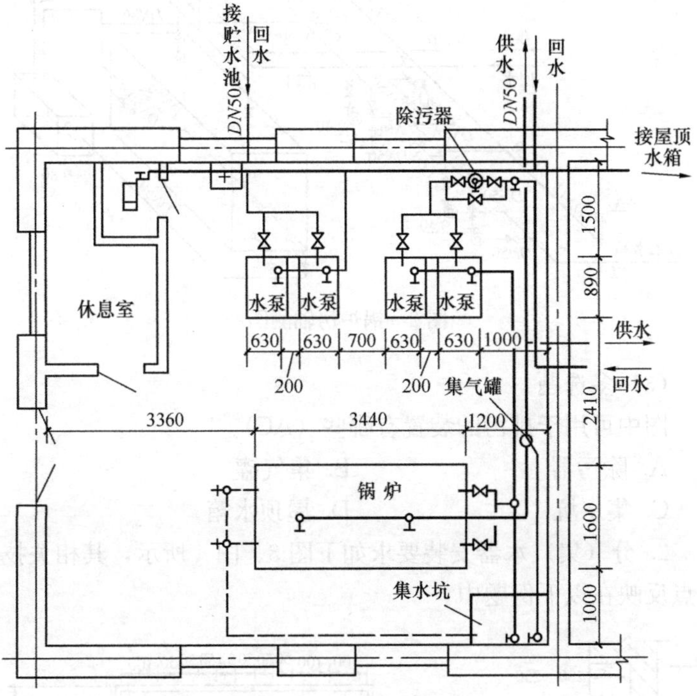


图 1　锅炉房平面图

(1) 判断题

1) 图中共有四台水泵，均为采暖循环水泵。(×)

2) 图中两路回水汇至除污器后总管径为 *DN*80。(√)

(2) 单选题

1) 图中水泵吸入口的接管管径为 (C)。

A. *DN*15　B. *DN*20　C. *DN*50　D. *DN*80

2) 图中锅炉供水总管的管径为 (D)。

A. *DN*15　B. *DN*20　C. *DN*50　D. *DN*80

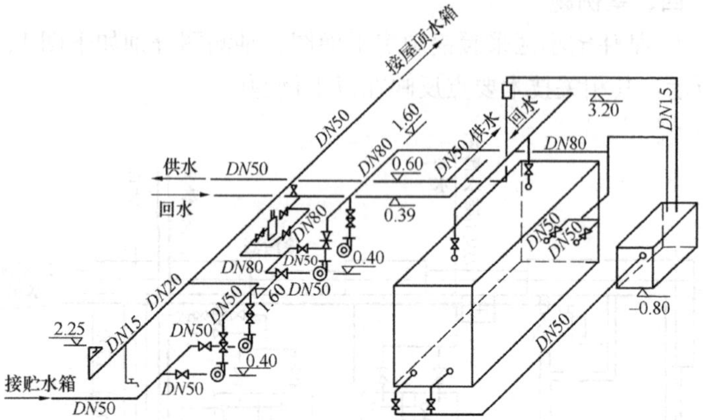


图 2　锅炉房轴测图

(3) 多选题

图中可用于排污的装置有哪些（AC）。

A. 除污器　　　　　　B. 集气罐

C. 集水坑　　　　　　D. 屋顶水箱

2. 分（集）水器安装要求如下图 3、图 4 所示，其相关技术要点反映在以下例题中。

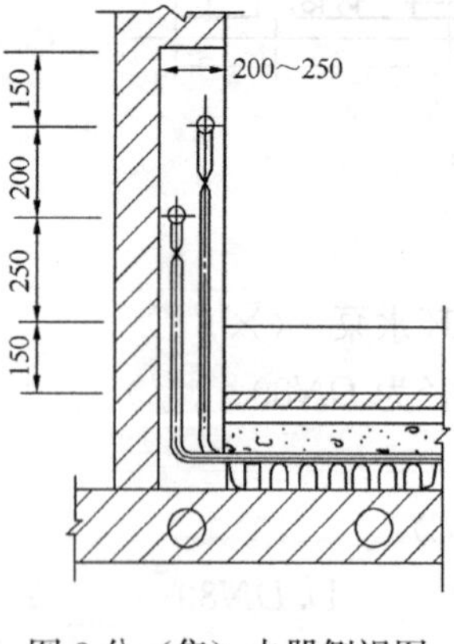


图 3 分（集）水器侧视图

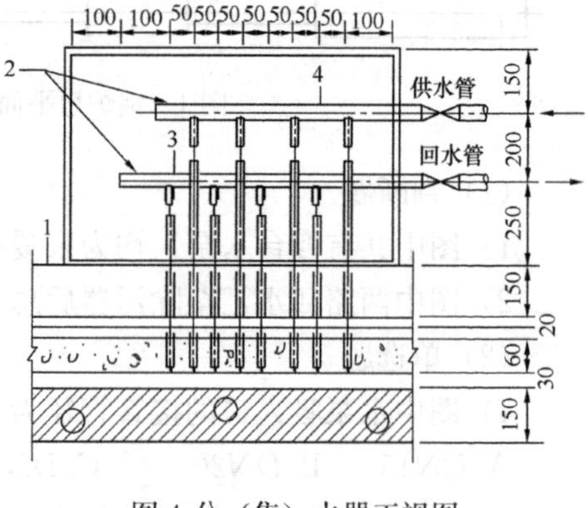


图 4 分（集）水器正视图

1—踢脚线；2—放气阀；3—集水器；4—分水器

(1) 判断题

1) 分水器安装在上部，集水器安装在下部。(√)

2) 每个分支环路供回水管上均设置可关断阀门。(√)

(2) 单选题

1) 分集水器中心距为 (B) mm。

A. 150　　B. 200　　C. 250　　D. 300

2) 分集水器的分支环路为 (B) 路。

A. 3　　B. 4　　C. 6　　D. 8

3) 各分支环路供水管水平间距为 (B) mm。

A. 50　　B. 100　　C. 150　　D. 200

4) 供水管距地面的垂直距离为 (C) mm。

A. 150　　B. 450　　C. 600　　D. 860

(3) 多选题

地板的构造层包括 (ABCDE)。

A. 基础层　　B. 保温层

C. 豆石混凝土层　　D. 砂浆找平层

E. 地面层

3. 热水采暖入口装置安装要求如下图 5 所示，其相关技术要点反映在以下例题中。

(1) 判断题

1) 过滤器可安装在供水管上，也可安装在回水管上。(×)

2) 旁通管上可以不设置阀门。(×)

(2) 单选题

1) 图示供回水管路中起启闭作用的阀门共有 (C) 个。

A. 1　　B. 2　　C. 3　　D. 4

2) 图中下列管径中最小的是 (C)。

A. $DN_1$　　B. $DN_2$　　C. $DN_3$

(3) 多选题

图中哪些管道需做保温 (ABCD)。

A. 供水管　　B. 回水管

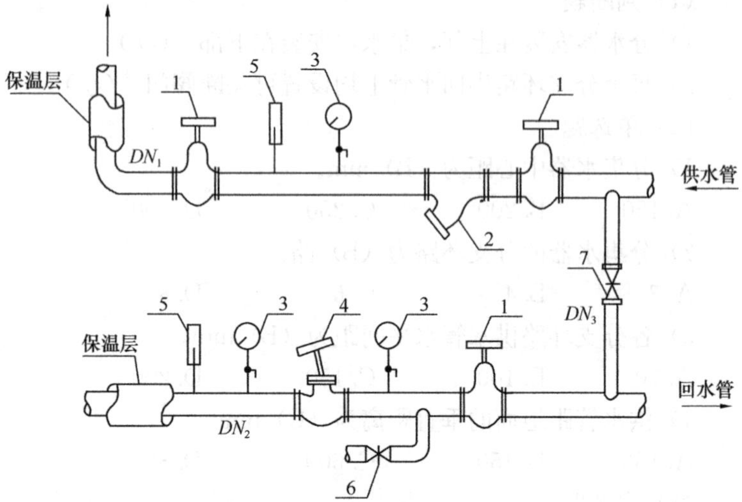


图 5　热水采暖入口装置

1—阀门；2—过滤器；3—压力表；4—平衡阀；

5—温度计；6—闸阀；7—阀门

C. 旁通管　　　　　　　D. 泄水管

4. 室内消火栓给水系统组成如下图 6 所示，其相关技术要点反映在以下例题中。

（1）判断题

1）图中室内消火栓的给水是由市政管网分两路引入的。（√）

2）图中室内消火栓供水稳压装置为消防水箱，消防水泵只起到补水作用。（×）

（2）单选题

1）图中室内消防立管共有（D）根。

A. 1　　B. 2　　C. 3　　D. 4

2）图中水泵接合器共有（B）个。

A. 1　　B. 2　　C. 3　　D. 4

（3）多选题

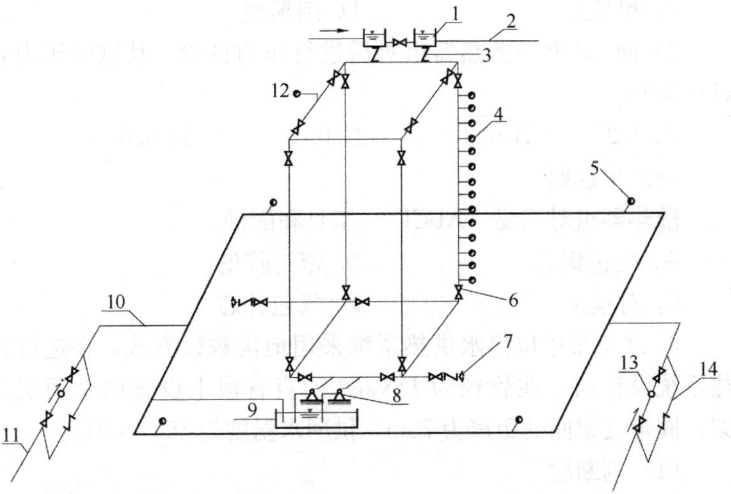

图 6　室内消火栓给水系统组成示意图

1—消防水箱；2—接生活用水；3—单向阀；4—室内消火栓；5—室外消火栓；6—阀门；7—水泵接合器；8—消防水泵；9—消防水池；10—进户管；11—市政管网；12—屋顶消火栓；13—水表；14—旁通管

消火栓给水系统包括下列哪些设备（ABCD）。

A. 消防水泵　　　　B. 消火栓

C. 消防水箱　　　　D. 水泵接合器

5. 某水暖安装队进行建筑物采暖系统施工，管道系统安装完毕，对散热器进行组对安装，本系统采用的散热器型号为 M132 型，安装采用挂钩形式挂与窗台下。

（1）判断题

1）采暖系统管道安装顺序是：总管→干管→立管→支管。（√）

2）本型号散热器最多能组对 25 片。（×）

（2）单选题

1）M132 型散热器属于（C）散热器。

A. 细柱型　　　　B. 长翼型

C. 粗柱型　　　　　　　　　　D. 圆翼型

2）M132 型号散热器组对后进行压力试验，其试验压力是（D）MPa。

A. 0.2　　　B. 0.3　　　C. 0.4　　　D. 0.6

（3）多选题

散热器组对需要（ABCD ）工具和配件。

A. 气包钥匙　　　　　　　　B. 密封胶垫

C. 对丝　　　　　　　　　　D. 气包补芯

6. 北京某单位热水供热系统采用地沟敷设方式，在进行供热系统设计时，在管径为 *DN*200 的直管段上设置两个固定支架，固定支架间的距离为 75m，供回水温度为 85℃/60℃。

（1）判断题

1）室外热力安装的供热管道应保证一定的坡度。（√）

2）水平管道的变径宜采用偏心异径管，且大小头应取上侧平。（×）

（2）单选题

1）一般管道工程的冷拉量可按计算管段热伸长量的（D ）进行。

A. 1/5　　　B. 1/4　　　C. 1/3　　　D. 1/2

2）管道热膨胀时的伸长量应为（A）mm。

A. 80.55　　B. 22.5　　C. 75　　D. 60.3

（3）多选题

室外热力管道，常用的地下敷设方式有（AC）。

A. 地沟敷设　　　　　　　　B. 套管敷设

C. 直埋敷设　　　　　　　　D. 隧道敷设

# 参 考 文 献


[1] 尚伟红，宋喜玲．供热工程[M]. 北京：北京理工大学出版社，2017.

[2] 姜湘山．建筑消防工程管道工实用技术[M]. 北京：机械工业出版社，2006.

[3] 吴耀伟．暖通施工技术[M]. 北京：中国建筑工业出版社，2008.

[4] 严丹．实用管道安装工程手册[M]. 北京：机械工业出版社，1997.

[5] GB 50242—2002. 建筑给水排水及采暖工程施工质量验收规范[S].

[6] CJJ 28—2014. 城镇供热管网工程施工及验收规范[S].

[7] GB 50738—2011. 通风与空调工程施工规范[S].

[8] GB 50243—2016. 通风与空调工程施工质量验收规范[S].

[9] 《管道工》编委会编．管道工[M]. 北京：中国建筑工业出版社，2016.

[10] 孟繁晋．管道工[M]. 北京：中国环境科学出版社，2012.

[11] 王智伟，刘艳峰．建筑设备施工与预算[M]. 北京：科学出版社，2002.

[12] 刘学来．城市供热工程[M]. 北京：中国电力出版社，2009.

[13] 张忠孝．管道工长手册[M]. 北京：中国建筑工业出版社，2009.

[14] 《管道工快速入门》编委会编．管道工快速入门[M]. 北京：北京理工大学出版社，2011.

[15] 郑君英，杨敏．图解管道工基本技术[M]. 北京：中国电力出版社，2009.

[16] 田会杰．水暖工[M]. 北京：中国环境科学出版社，2003.

[17] 王智伟，刘艳峰主编．建筑设备施工与预算[M]. 北京：科学出版社，2002.

[18] 刘学来主编．城市供热工程[M]. 北京：中国电力出版社，2009.